零点起飞 电脑培训学校

畅销
品牌

U0316216

导向工作室 编著

中文版 Photoshop CS6 图像处理

培训教程

人民邮电出版社
北京

图书在版编目（ＣＩＰ）数据

中文版Photoshop CS6图像处理培训教程 / 导向工作
室编著. -- 北京 : 人民邮电出版社，2014.2（2021.9重印）
（零点起飞电脑培训学校）
ISBN 978-7-115-34042-9

Ⅰ. ①中… Ⅱ. ①导… Ⅲ. ①图象处理软件－技术培
训－教材 Ⅳ. ①TP391.41

中国版本图书馆CIP数据核字(2013)第293676号

内 容 提 要

本书以 Photoshop CS6 为基础，结合图像处理的特点，以广告设计、海报设计、人像处理、色彩调整等为例，系统地讲述了 Photoshop 在图像处理中的应用。本书内容主要包括 Photoshop CS6 快速入门、Photoshop CS6 的基本操作、图像编辑的基本操作、创建和调整选区、图像的绘制与修饰、图层的初级应用、图层的高级应用、图像色彩的调整、使用路径和形状、文字的应用、通道和蒙版的应用、滤镜的应用以及 3D 功能的使用等。

本书内容翔实，结构清晰，图文并茂，每一课均以课前导读、课堂讲解、上机实战、常见疑难解析和课后练习的结构进行讲述。通过大量的案例和练习，读者可快速有效地掌握实用技能。

本书不仅可供各类大中专院校或培训学校的图像处理相关专业作为教材使用，还可供相关行业及Photoshop 初学者学习和参考。

♦ 编　　著　导向工作室
　　责任编辑　李　莎
　　责任印制　程彦红　焦志炜

♦ 人民邮电出版社出版发行　　北京市丰台区成寿寺路 11 号
　　邮编　100164　电子邮件　315@ptpress.com.cn
　　网址　http://www.ptpress.com.cn
　　固安县铭成印刷有限公司印刷

♦ 开本：787×1092　1/16
　　印张：16.5
　　字数：440 千字　　　　　　　2014 年 2 月第 1 版
　　印数：8 901－9 200 册　　　2021 年 9 月河北第 10 次印刷

定价：38.00 元（附光盘）

读者服务热线：(010)81055410　印装质量热线：(010)81055316
反盗版热线：(010)81055315
广告经营许可证：京东市监广登字20170147号

前　言

"零点起飞计算机培训学校"丛书自2002年推出以来，在10年时间里先后被上千所各类学校选为教材。随着计算机软硬件的快速升级，以及计算机教学方式的不断发展，原来图书的软件版本、硬件型号，以及教学内容、教学结构等很多方面已不太适应目前的教学和学习需要。鉴于此，我们认真总结教材编写经验，用了3～4年的时间深入调研各地、各类学校的教材需求，组织优秀的、具有丰富的教学经验和实践经验的作者团队对该丛书进行了升级改版，以帮助各类学校或培训机构快速培养优秀的技能型人才。

本着"学用结合"的原则，我们在教学方法、教学内容以及教学资源上都做出了自己的特色。

教学方法

本书采用"课前导读→课堂讲解→上机实战→常见疑难解析→课后练习"的五段教学法，激发学生的学习兴趣，细致而巧妙地讲解理论知识，重点训练动手能力，有针对性地解答常见问题，并通过课后练习帮助学生强化并巩固所学的知识和技能。

◎ 课前导读：以情景对话的方式引入本课主题，介绍本课相关知识点会应用于哪些实际情况，及其与前后知识点之间的联系，以帮助学生了解本课知识点在Photoshop图像处理中的作用，及学习这些知识点的必要性和重要性。

◎ 课堂讲解：深入浅出地讲解理论知识，着重实际训练，理论内容的设计以"必需、够用"为度，强调"应用"，配合经典实例介绍如何在实际工作当中灵活应用这些知识点。

◎ 上机实战：紧密结合课堂讲解的内容给出操作要求，并提供适当的操作思路以及专业背景知识供学生参考，要求学生独立完成操作，以充分训练学生的动手能力，并提高其独立完成任务的能力。

◎ 常见疑难解析：我们根据十多年的教学经验，精选出学生在知识学习和实际操作中经常会遇到的问题并进行答疑解惑，以帮助学生彻底理解理论知识并完全掌握其应用方法。

◎ 课后练习：结合每课内容给出大量难度适中的上机操作题，学生可通过练习，强化巩固每课所学知识，从而能温故而知新。

教学内容

本书教学目标是循序渐进地帮助学生快速掌握Photoshop CS6的各种绘图及编辑命令，能使用Photoshop绘制丰富多彩的位图或矢量图，利用调色命令和工具箱中的工具对图像进行编辑，并能独立设计出优秀的作品。全书共16课，可分为6个部分，具体内容如下。

◎ 第1部分（第1~2课）：主要讲解Photoshop CS6的基本知识和操作，包括工作界面的介绍、图像的概念、基本工具的使用等。

◎ 第2部分（第3～5课）：主要讲解对图像的操作，如变换图像、撤销与重做、创建选区、编辑选区、绘制图像和修饰图像等。

◎ 第3部分（第6～4课）：主要讲解如何使用图层面板，以及利用图层对图像进行编辑，如创建不同类型的图层、复制与删除图层、调整图层排列顺序、设置图层混合模式、使用图层样式等。

◎ 第4部分（第8~13课）：主要讲解对图像的编辑操作，包括调整图像的色彩、通过创建路径制作图像、在图像中添加文字、利用通道和蒙版修改图像、使用滤镜功能为图像添加特殊效果、以及在图像中创建3D对象等。

◎ 第5部分（第14~15课）：主要讲解如何使用动作和批处理提高图像处理效率，以及打印和输出图像的操作。

◎ 第6部分（第16课）：讲解如何利用所学知识和Photoshop CS6中的工具，创建一个综合实例。

说明：本书以Photoshop CS6环境为基础，在讲解时如未特别提到该操作为Photoshop CS6版本独有的操作，则同时适用于Photoshop以前的多种版本。

配套光盘

本书配套光盘提供立体化教学资源，不仅有书中的素材、源文件，而且提供了多媒体课件、演示动画，此外还有模拟试题和供学生做拓展练习使用的素材等，具体如下。

◎ 书中的实例素材与效果文件：书中涉及的所有案例的素材、源文件，以及最终效果文件，方便教学使用。

◎ 多媒体课件：精心制作的PowerPoint格式的多媒体课件，方便教师教学。

◎ 演示动画：提供本书"上机实战"部分的详细的操作演示动画，供教师教学或学生反复观看。

◎ 模拟试题：汇集大量Photoshop CS6图像处理的相关练习及模拟试题，包括选择、填空、判断、上机操作等题型，并为本书专门提供两套模拟试题，既方便教师的教学活动，也可供学生自测使用。

◎ 可用于拓展训练的各种素材：与本书内容紧密相关的可用作拓展练习的大量图片、文档或模板等。

本书由导向工作室组织编写，参与资料收集、编写、校对及排版的人员有张红玲、肖庆、李秋菊、黄晓宇、李凤、熊春、蔡长兵、牟春花、蔡飓、张倩、耿跃鹰、高志清、刘洋、丘青云、谢理洋、曾全等，在此一并致谢！虽然编者在编写本书的过程中倾注了大量心血精益求精，但恐百密之中仍有疏漏，恳请广大读者及专家不吝赐教。

编 者

目 录

第1课
Photoshop CS6快速入门

学生：老师，网络上的照片都很漂亮，我要怎样才能得到同样效果的照片呢？

老师：有时使用照相机并不能拍摄出具有特殊效果的照片，许多照片拍摄后都要经过后期处理。网络中的很多照片也是经过了后期处理的。

学生：怎样在后期处理拍摄的照片呢？

老师：网络中有很多处理照片的软件，简单的软件其功能比较单一，操作较为简便，复杂的软件功能齐全，但操作较复杂。

学生：常用的照片处理软件是什么呢？

老师：市场上常用的是Photoshop，使用它不仅可对人像进行修饰，还可美化图片，或在图片中添加其他元素，使其更加丰富多彩。

学生：那我们赶快学习吧！

学习目标

▶ 了解 Photoshop 的应用领域

▶ 熟悉 Photoshop 的启动和退出

▶ 掌握 Photoshop 的工作界面

▶ 熟悉工作界面中的各项设置

▶ 了解图像处理的基本概念

1.1 课堂讲解

本课主要讲解Photoshop CS6的应用领域、软件的启动与退出、工作界面，以及图像处理的基本概念。

1.1.1 Photoshop的应用领域

Photoshop是一款优秀的图形图像处理软件，不论是平面设计、网页制作、数码艺术，还是多媒体制作，都有着不可替代的作用。

1. 在平面设计中的应用

Photoshop发展至今，已广泛应用于平面广告、包装、海报、POP、书籍装帧等众多领域。随着计算机软硬件的发展，Photoshop在CD封面甚至服装设计上，也有涉足，并逐渐延伸到与设计界面相关的领域，如游戏界面、网站界面等。图1-1所示为使用Photoshop绘制的插画。

图1-1 插画

2. 在网页设计中的应用

在Dreamweaver中制作网页前，需要对网页进行设计，规划网页布局和各页面的功能属性。在Photoshop中可完成这些前期工作，避免后期花费大量时间和精力对网页进行反复修改。在Photoshop中可利用图层样式以及滤镜等功能为网页中的各个对象添加特效，使网页更加多样化。图1-2所示为使用Photoshop制作的网页图片。

图1-2 网页

3. 在数码艺术中的应用

Photoshop强大的图像编辑功能，使其被广泛应用于数码照片的后期处理，通过修改、合成、加工，使拍摄的照片充满艺术感。同时，Photoshop也为广大的数码爱好者提供了广阔的创作空间。图1-3所示为使用Photoshop处理后的婚纱照。

图1-3 婚纱照

4. 在多媒体中的应用

Photoshop还经常与3ds Max、Maya等三维软件结合使用，为三维软件中模型绘制场景贴图、纹理贴图和各种质感贴图等。图1-4所示为结合了3ds Max软件制作的场景模型。其中，模型在3ds Max中建成，贴图在Photoshop中制作完成。

图1-4　三维图形

1.1.2 启动与退出Photoshop CS6

在学习Photoshop CS6之前，必须掌握软件的启动和退出操作，下面将介绍启动和退出Photoshop CS6的方法。

启动Photoshop CS6

启动Photoshop CS6的方法有以下几种。

◎ 双击桌面上的Photoshop CS6快捷方式图标。

◎ 选择【开始】→【所有程序】→【Adobe Photoshop CS6】命令。

◎ 双击计算机中已经存盘的任意一个扩展名为.psd的文件。

退出Photoshop CS6

退出Photoshop CS6主要有如下几种方法。

◎ 单击Photoshop CS6工作界面菜单栏右上角的"关闭"按钮 ✕ 。

◎ 选择【文件】→【退出】命令。

◎ 按【Ctrl+Q】组合键。

1.1.3 Photoshop CS6的工作界面

Photoshop CS6的工作界面如图1-5所示，主要由菜单栏、工具属性栏、工具箱、图像窗口、面板和状态栏等部分组成。

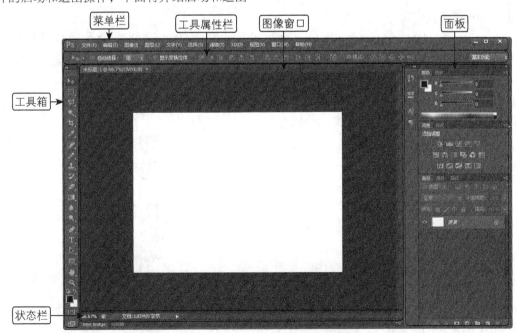

图1-5　Photoshop CS6工作界面

1. 菜单栏

在Photoshop CS6的菜单栏中共有11个菜单项，每个菜单项下都包含了对应的一系列菜单命令，这些命令用于处理图像。单击相应的菜单项即可弹出相应的菜单命令，当菜单命令后含有三角符号时，表明该菜单命令下还包含有子菜单，将鼠标指针移到该菜单命令上，即可弹出相应的子菜单，如图1-6所示。

图1-6　菜单命令

> ！提示：菜单项下呈灰色显示的命令表示该命令不能执行。

各菜单项的功能介绍如下。

◎ **文件**：在其中可执行文件的打开、保存、植入和打印等操作。

◎ **编辑**：包含一些基本的文件操作命令，如复制、粘贴、定义画笔预设等。

◎ **图像**：主要用于对图像进行调色，以及对图像的大小进行更改。

◎ **图层**：主要包含操作图层的命令，如新建图层、设置图层样式、合并图层等。

◎ **文字**：用于设置输入的文字，可对文字执行变形或栅格化等操作。

◎ **选择**：主要用于设置图像的选择区域。当在图像中绘制了选区时，可激活该菜单项中的大部分命令。

◎ **滤镜**：包含了多个滤镜命令，可对图像或图像的某个部分进行模糊、渲染、扭曲等特殊效果的制作。

◎ **3D**：当制作3D图形时，此菜单项中的大部分命令可被激活。

◎ **视图**：主要用于对Photoshop CS6的编辑屏幕进行设置，如改变文档视图大小、缩小或放大图像的显示比例、显示或隐藏标尺和网格线等。

◎ **窗口**：用于显示和隐藏Photoshop CS6工作界面的各个面板。

◎ **帮助**：通过该菜单可快速访问Photoshop CS6帮助手册，了解关于Photoshop CS6的相关法律声明和系统信息等。

2. 工具属性栏

当在工具箱中选择某一工具后，在工具属性栏中会显示相应的参数设置，用户可以很方便地在其中设置工具的属性，从而使用工具绘制出不同的效果。图1-7所示为多边形套索工具的工具属性栏。

图1-7　工具属性栏

> ！技巧：选择【窗口】→【选项】命令，可以显示或隐藏工具属性栏。

3. 工具箱

Photoshop CS6的工具箱位于工作界面左侧，单击工具箱上方的折叠按钮，可将工具箱显示方式更改为双列，如图1-8所示。此时折叠按钮变为。再次单击该按钮，可将工具箱的显示方式更改为单列。

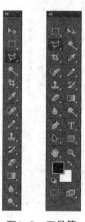

图1-8　工具箱

在工具箱中的大部分工具右下角有一个三角形，表示在该工具下还有其他同类的工具。使用鼠标右键单击该工具，或在其上按住鼠标左键不放，即可弹出相应的工具组。图1-9所示为选框工具组。

图1-9 选框工具组

4. 图像窗口

图像窗口的上方为图片标题栏；下方为图片状态栏；中间为图片编辑区域，所有的图像处理操作都在该区域中进行，如图1-10所示。

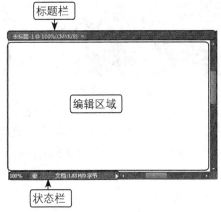

图1-10 图像窗口的组成

> 提示：标题栏中可以显示当前文件的名称、格式、显示比例、色彩模式、所属通道和图层状态等信息。

5. 面板

Photoshop CS6中的面板默认显示在工作界面的右侧，用于显示图层、路径和属性等相关参数。

Photoshop中包含20多种面板，工作界面中只显示几种常用面板。用户可对面板做以下操作。

◎ **折叠/展开面板**：单击面板组右上角的三角按钮，可折叠面板，如图1-11所示。再次单击又可展开面板。

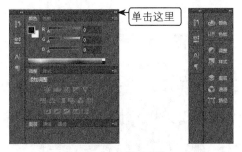

图1-11 折叠面板

◎ **移动面板**：在标题上按住鼠标左键不放并拖动到目标面板的标题栏上，当移动的面板变为半透明，且目标面板上出现蓝色边框时释放鼠标左键，即可将其与目标面板组合，如图1-12所示。

图1-12 移动面板

> 提示：使用相同的方法，可将面板拖离成为一块独立的浮动面板。

◎ **调整面板宽度**：将鼠标指针移至面板的边框上，当鼠标指针变为形状时，按住鼠标左键不放并拖动，可调整面板的宽度，如图1-13所示。

图1-13 改变面板的宽度

6. 状态栏

状态栏主要用于显示当前图像的显示比例、图像文件的大小以及当前使用工具等信息。单击状态栏中的三角形按钮▶，可在弹出的菜单中选择需要显示的信息，如图1-14所示。

图1-14　状态栏

7. 案例——自定义界面

Photoshop提供了几种预设的工作界面，包括3D、动感、绘画、摄影、排版规则等，默认为"基本功能"工作界面。单击工具属性栏右侧的 基本功能 按钮，在弹出的菜单中即可选择不同的选项以打开不同界面，如图1-15所示。

图1-15　选择工作界面

> ⚠ 提示：选择【窗口】→【工作区】命令，在弹出的子菜单中同样可选择预设的工作界面。

调整工作界面中各面板的位置，以符合使用习惯，然后选择该菜单命令中的"新建工作区"命令，可将当前的工作界面保存为一个自定义界面。

❶ 选择"窗口"菜单命令，在弹出的菜单中选择需要的面板，关闭不需要的面板，并在工作区中调整面板的位置，如图1-16所示。

图1-16　调整工作界面

❷ 选择【窗口】→【工作区】→【新建工作区】命令，如图1-17所示。

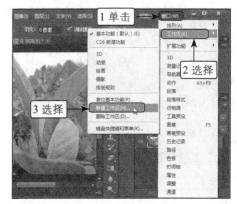

图1-17　选择命令

❸ 打开"新建工作区"对话框，在"名称"文本框中输入自定义工作区的名称，这里输入"我的工作区"，然后单击 存储 按钮，如图1-18所示。

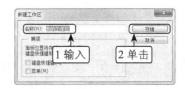

图1-18　新建工作区

❹ 选择【窗口】→【工作区】命令，在弹出的子菜单中即可看到创建的"我的工作区"，如图1-19所示，选择该选项即可切换为设置的工作界面。

> ⚠ 提示：若要删除创建的自定义工作区，可选择【窗口】→【工作区】→【删除工作区】命令。

图1-19　选择自定义工作区

1.1.4　图像处理的基本概念

在处理图像时，需要了解图像的基本概念，如图像的类型、使用的颜色模式，以及图像的文件格式等。

1. 位图与矢量图

计算机中的图像一般分为位图和矢量图。Photoshop是典型的位图处理软件，但也包含一些矢量功能，如使用文字工具输入矢量文字，或使用钢笔工具绘制矢量图形。下面分别对位图和矢量图的特征进行讲解。

位图

位图也称点阵图或栅格图，由像素组成。在Photoshop中处理图像，实质就是处理像素。使用缩放工具，在位图上单击多次放大图像，放大后的图像上出现许多小方块，这些小方块就是像素。图1-20所示为正常情况下的图像，图1-21所示为放大5倍后的图像效果。

图1-20　放大前的位图

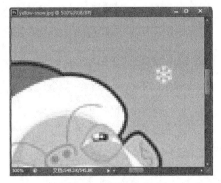

图1-21　放大后的位图

相机拍摄的和扫描仪扫描出的图像均为位图。位图的特点是能表现色彩的变化和颜色的细微过渡，但在保存位图时需要保存每一个像素的信息，因此位图的图像文件一般较大。

矢量图

矢量图中的图像由色块和线条组成，每个色块或线条由一个数学公式表示。因此，无论将矢量图放大多少倍，图像都具有平滑的边缘和清晰的视觉效果。图1-22和图1-23所示为矢量图放大前后的对比效果。

图1-22　放大前的矢量图

图1-23　放大后的矢量图

保存矢量图实际保存的是数学公式，因此矢量图的文件通常比较小。

由于矢量图在任何分辨率下均可正常显示或打印，不会损失细节，因此，矢量图形在标志设计、插图设计及工程绘图上占有很大的优势。矢量图的缺点在于不能创建过于复杂的图像，也无法表现丰富的颜色变化和色彩过渡。

2. 常用图像文件格式

Photoshop CS6支持多种图像格式，并可对不同格式的图像进行编辑和保存。

下面介绍常用图形文件格式的特点以及应用范围。

PSD

PSD格式是Photoshop自带的文件格式，可以保存图像的层、通道等信息，它是一种常用且可以较好地保存图像信息的格式。由于PSD格式所包含的图像数据信息较多，因此其文件所占的存储空间也比较大，但这种格式方便设计人员后期对图形进行修改，因此一般都将图形文件保存为PSD格式。

BMP

BMP是Windows操作系统的标准图像文件格式，也是常见的位图格式。其支持RGB、索引颜色、灰度和位图颜色模式，但不支持Alpha通道，是最通用的图像文件格式之一。

TIFF

TIFF是一种无损压缩格式，便于在应用程序和计算机平台之间进行图像数据交换。TIFF格式支持带Alpha通道的CMYK、RGB和灰度模式，以及不带Alpha通道的Lab、索引颜色和位图模式。另外，它还支持LZW压缩。

JPEG

JPEG是一种有损压缩格式，它支持真彩色，生成的文件较小，是常用的图像格式之一。JPEG格式支持CMYK、RGB和灰度的颜色模式，但不支持Alpha通道。

> 提示：在生成JPEG格式的文件时，可以通过设置压缩的类型，产生不同大小和质量的文件。压缩程度越高，图像文件就越小，相对的图像质量也就越差。

GIF

GIF格式的文件是8位图像文件，最多支持256色，不支持Alpha通道。GIF格式产生的文件较小，常用于网络传输。GIF格式与JPEG格式相比的优势在于可以保存动画效果。

PNG

可移植网络图形格式(Portable Network Graphic Format，PNG)，原本用于替换GIF格式，并添加了一些新特性。PNG格式可以使用无损压缩方式压缩文件，支持24位图像，产生的透明背景没有锯齿边缘，因此可以生成质量较好的图像。

EPS

EPS可以包含矢量图和位图，支持几乎所有的图像、示意图和页面排版程序。其最大的优点在于可以在排版软件中以低分辨率预览，在打印时以高分辨率输出。支持裁切路径，但不支持Alpha通道。

EPS格式支持Photoshop所有的颜色模式，可以用来存储矢量图和位图。在存储位图时，还可以将图像的白色像素设置为透明的效果。

PCX（*.PCX）

PCX格式与BMP格式一样支持1~24位的图像，并可以用RLE的压缩方式保存文件。PCX格式还支持RGB、索引颜色、灰度和位图的颜色模式，但不支持Alpha通道。

PDF（*.PDF）

PDF格式是Adobe公司开发的适用于Windows、MAC OS、UNIX和DOS等不同系统平台的一种电子出版软件的文档格式。该格式文件可以存储多页信息，包含图形和文件的查找以及导航功能。

3. 图像的色彩模式

不同的图像包含不同的色彩信息，图像的所用的色彩模式不同，其色彩信息也不同。

Photoshop支持的色彩模式有10多种，选择【图像】→【模式】命令，在弹出的如图1-24所示的子菜单中选择一种模式，可将图像转换为该模式。

图1-24 色彩模式

色彩模式基于颜色模型，而颜色模型是描述颜色的数值方法，因此选择一种色彩模式就等于选用了某种描述颜色的方法。下面分别介绍这些色彩模式。

位图模式

位图模式只有纯黑和纯白两种颜色，适合制作单色图形。若将彩色的图像转换为位图模式，其中的色相和饱和度信息都将被删除，只留下黑白的明度信息。而且，只有灰度和双色调模式的图像才能转换为位图模式。

灰度模式

灰度模式的图像中没有色相、饱和度等色彩信息，图像中的每个像素都有0~255的亮度值，其中0代表黑色，255代表白色，其他值代表介于黑白之间过渡的灰色。灰度模式的应用十分广泛，在黑白印刷中，许多图像都采用灰度模式。

双色调模式

双色调模式通过使用2~4种自定油墨，来创建双色调（两种颜色）、三色调（3种颜色）和四色调（4种颜色）的灰度图像。要将图像转换成双色调模式，必须先转换成灰度模式，然后选择【图像】→【模式】→【双色调】命令，在打开的对话框中选择好色调类型，再设置需要的颜色，如图1-25所示。

图1-25 双色调选项对话框

索引颜色模式

索引颜色模式又叫做映射色彩模式，该模式的像素只有8位，即只支持256种颜色。这些颜色是预先定义好的并且安排在一张颜色表中，当图像从RGB模式转换到索引颜色模式时，RGB模式中的所有颜色将映射到这256种颜色中。使用这256种或者更少的颜色替换全彩图像中成百上千万种颜色的过程就叫做索引。索引模式是GIF文件默认的颜色模式。选择【图像】→【模式】→【索引颜色】命令，即可打开"索引颜色"对话框，如图1-26所示。

图1-26 索引颜色

RGB颜色模式

RGB颜色模式是最基本也是使用最广泛的色彩模式。它是一种加色混合模式，通过红（Red）、绿（Green）、蓝（Blue）3种原色光混合的方式来显示色彩。数码相机、电视、试算机、幻灯片的显示等都采用这种模式。

CMYK颜色模式

CMYK颜色模式是一种减色混合模式，C（Cyan）代表青色，M（Magenta）代表品红色，Y（Yellow）代表黄色，K（Black）代表黑色。C、M、Y分别是红、绿、蓝的互补色。因为这3种颜色混合在一起只能得到暗棕色，而得不到真正的黑色，所以另外引入了黑色。在印刷过程中，经常使用这4种颜色产生各种不同的颜色效果。

Lab颜色模式

Lab颜色模式是Photoshop在不同色彩模式之间转换时使用的中间颜色模式。在Lab颜色模式中，L代表亮度，范围为0~100,；a代表由绿色到红色的光谱变化；b代表由蓝色到黄色的光谱变化。

多通道模式

多通道模式是一种减色模式，将RGB图像转换为该模式可以得到青色、洋红、黄色通道。若删除RGB、CMYK或Lab颜色模式其中的某个通道，图像将自动转换为多通道模式。

4. 案例——转换图像色彩模式

本案例要求将RGB颜色模式的图像转换为双色模式的图像。

素材\第1课\课堂讲解\菊花.jpg
效果\第1课\课堂讲解\菊花.jpg

❶ 选择【开始】→【所有程序】→【Adobe Photoshop CS6】命令，如图1-27所示，启动Photoshop CS6程序。

图1-27 启动Photoshop CS6程序

❷ 在Photoshop CS6的工作界面中选择【文件】→【打开】命令，如图1-28所示。

图1-28 选择菜单命令

❸ 打开"打开"对话框，在"查找范围"下拉列表框中选择文件所在位置，在中间的列表框中选择要打开的文件，单击 打开(O) 按钮。

图1-29 选择素材文件

❹ 打开素材文件，选择【图像】→【模式】→【灰度】命令，如图1-30所示。

图1-30 选择"灰度"菜单命令

❺ 打开如图1-31所示的"信息"对话框，单击 扔掉 按钮。

❻ 图像转换为灰度图，如图1-32所示。

❼ 选择【图像】→【模式】→【双色调】命令，如图1-33所示。

图1-31 "信息"对话框

图1-32 灰度图

图1-33 选择"双色调"命令

❽ 打开"双色调选项"对话框,单击"油墨1"右侧的色块,如图1-34所示。

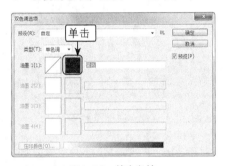

图1-34 单击色块

❾ 打开"拾色器(墨水1颜色)"对话框,在其中设置紫色(R:155,G:12,B:168),然后单击 确定 按钮,如图1-35所示。

提示:在拾色器中选择颜色,有时会在"新的"颜色色块旁出现▲按钮,表明此时选择的颜色不能被打印出来;出现◻按钮,表明此时选择的颜色在某些显示器上不能正确显示。

图1-35 拾色器对话框

❿ 返回"双色调选项"对话框,在右侧的文本框中输入油墨的名称,这里输入"紫色",单击 确定 按钮,如图1-36所示。

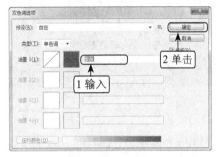

图1-36 输入油墨名称

⓫ 图像已添加单色,选择【文件】→【存储为】命令,如图1-37所示。

图1-37 选择命令

⓬ 打开"存储为"对话框,在"保存在"下拉列表框中选择文件的保存位置,在"文件名"文本框中输入保存的文件名,这里输入"菊花.psd",在"格式"下拉列表中选择PSD格式,单击 保存(S) 按钮,保存图像,如图1-38所示。

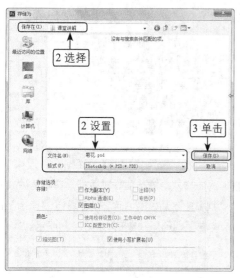

图1-38 保存图像文件

提示：使用不同颜色模式的图像，在保存时其保存格式也会受到限制。

⓭ 在文件的保存位置即可查看文件。

图1-39 保存的文件

试一试

在"索引颜色"对话框中调整各选项，看看转换模式后的效果。

1.2 上机实战

本课上机实战将分别新建"我的工作区"工作界面和制作"银杏"双色调图像，综合练习本课所学的知识点。

上机目标如下。
◎ 熟练掌握调整工作区中各面板的方法。
◎ 熟练掌握保存工作区的方法。
◎ 熟练掌握设置图像颜色模式的方法。

建议上机学时：1学时。

1.2.1 新建"我的工作区"

1. 操作要求

本例要求调出常用的面板，然后移动并组合面板，使工作界面符合使用习惯，最后保存工作界面。
◎ 启动Photoshop CS6图像处理软件。
◎ 通过"窗口"菜单命令调出常用的面板。
◎ 通过选择【窗口】→【工作区】→【自定义工作区】命令，保存工作界面。

2. 操作思路

根据上面的操作要求，本例的操作思路如图1-40所示。

 演示\第1课\新建"我的工作区".swf

1）选择面板

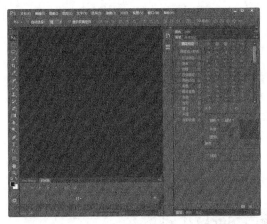

2）调整界面

3）新建工作区

图1-40　自定义工作区的操作思路

❶　双击桌面上的Photoshop CS6图标，启动程序。

❷　选择【窗口】→【画笔】命令，打开"画笔"面板组。

❸　单击"调整"和"样式"面板标题右侧的菜单按钮▣，在弹出的菜单中选择"关闭选项卡组"命令，将这两个面板关闭。

❹　将"画笔"面板组拖动到"图层"面板组和"颜色"面板组之间，当这两个面板组之间出现一条蓝色的线时，释放鼠标按键，将"画笔"面板组移动到这两个面板组之间。

❺　双击编辑区下方的"时间轴"面板的标题，将其展开。

❻　选择【窗口】→【工作区】→【新建工作区】命令，打开"新建工作区"对话框。

❼　在"名称"文本框中输入工作区的名称"我的工作区"，然后单击　存储　按钮，存储工作区。

1.2.2　制作"银杏"图像

1．操作要求

本例要求制作"银杏"双色调图像。通过本例的操作，应掌握文件的打开和保存，以及设置图像色彩模式的方法，具体操作要求如下。

◎　通过选择【文件】→【打开】命令，打开素材文件中的文档。

◎　通过选择【图像】→【模式】命令，更改图像的色彩模式。

2．操作思路

根据上面的操作要求，本例的操作思路如图1-41所示。

素材\第1课\上机实战\银杏.jpg
效果\第1课\上机实战\银杏.psd
演示\第1课\制作"银杏"图像.swf

1）转换为灰度模式

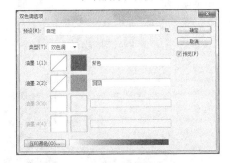

2）设置双色调模式

图1-41　制作"银杏"图像

❶　启动Photoshop CS6，选择【文件】→【打

开】命令，在打开的"打开"对话框中选择素材文件，将其打开。

❷ 选择【图像】→【模式】→【灰度】命令，将打开的图像转换为灰度图。

❸ 选择【图像】→【模式】→【双色调】命令，打开"双色调选项"对话框。

❹ 在"类型"下拉列表框中单击按钮▾，在弹出的菜单中选择"双色调"选项。

❺ 单击"油墨1"右侧的颜色色块，在打开的

拾色器中选择紫色（R:155,G:12,B:168），并在"油墨1"右侧的文本框中输入文本"紫色"。

❻ 单击"油墨2"右侧的颜色色块，在打开的拾色器中选择红色（R:247,G:110,B:120），并在"油墨2"右侧的文本框中输入文本"红色"，单击 确定 按钮。

❼ 选择【文件】→【存储为】菜单命令，将文件存储为"银杏.psd"文件。

1.3 常见疑难解析

问：在Photoshop中设计和处理图像时，设置哪一种色彩模式较好？

答：一般来说，CMYK模式用于印刷。为了保证制作的图像能被正确打印，最好在打开文件时，将文件的色彩模式更改为CMYK，或是在新建文件时，直接将文件的色彩模式设置为CMYK。

问：如何在多个窗口中查看图像？

答：如果同时打开了多个图像文件，可以选择【窗口】→【排列】命令，在弹出的子菜单中选择多窗口的排列方式。

问：工作界面中的组成元素被移动后，怎样还原到启动时的布置呢？

答：只须选择【窗口】→【工作区】→【复位基本功能】命令即可。

1.4 课后练习

（1）启动Photoshop CS6，调整工作区各面板的布局和位置，保存新工作区。

（2）打开光盘中提供的"绿荷.jpg"文件，如图1-42所示，在Photoshop中练习将图像设置为不同的色彩模式。

 素材\第1课\课后练习\绿荷.jpg　　演示\第1课\练习设置不同的色彩模式.swf

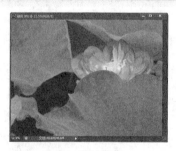

图1-42　绿荷

第 2 课
Photoshop CS6的基本操作

学生：老师，在具体操作时我该怎样使用Photoshop中的工具呢？

老师：本课将要讲解Photoshop CS6的一些基本操作，如新建文档、打开文档、保存文档，以及如何使用Photoshop中的辅助功能。

学生：这些操作是必须学的么？

老师：是的，这些操作是使用Photoshop CS6的基础。除此之外，本课还将讲解如何使用不同的工具填充图形。

学生：那首先从哪里入手呢？

老师：在认识了Photoshop CS6的工作界面之后，首先需要学习文档的新建、打开、保存、关闭操作。

学生：我明白了，要先新建文档才能编辑文档，编辑完成后还要把它保存起来。

老师：非常正确，那么我们就开始学习吧。

学习目标

▶ 掌握新建、打开、保存和关闭图像文件的操作方法

▶ 熟练使用缩放工具和抓手工具

▶ 了解并掌握辅助工具的使用

▶ 掌握填充图像的方法

2.1 课堂讲解

本课主要介绍Photoshop CS6中的各种基本操作，包括新建、保存、打开和关闭图像，使用缩放工具和抓手工具查看图像，添加标尺、网格、辅助线，以及填充图像颜色等。

2.1.1 图像文件的基本操作

在学习使用Photoshop CS6处理图片前，需要了解并掌握一些图像处理的基础知识。图像文件的基本操作主要包括打开、新建、保存和关闭等。

1. 新建图像文件

在Photoshop中要制作或处理一个文件，首先需要新建一个空白文件。选择【文件】→【新建】命令或按【Ctrl+N】组合键，打开如图2-1所示的"新建"对话框。

图2-1 "新建"对话框

"新建"对话框中各选项含义如下。

◎ **"名称"文本框**：用于设置新建文件的名称，其默认文件名为"未标题-1"。

◎ **"预设"下拉列表框**：用于设置新建文件的规格，单击右侧的▼按钮，将弹出如图2-2所示的下拉列表，在其中可选择Photoshop CS6自带的几种图像规格。

◎ **"大小"下拉列表框**：用于辅助设置"预设"后的图像规格，使图像尺寸更符合要求。

◎ **"宽度"/"高度"文本框**：用于设置新建文件的宽度和高度，在右侧的下拉列表框中可以设置度量单位。

◎ **"分辨率"文本框**：用于设置新建图像的分

辨率，分辨率越高，图像品质越好。

图2-2 不同的尺寸规格

> **提示**：在平面设计中，印刷类图像文件的分辨率不得低于300像素，大型喷绘类图像一般为600像素。分辨率越高图像文件所占存储空间就越大。

◎ **"颜色模式"下拉列表框**：用于选择新建图像文件的色彩模式。在右侧的下拉列表框中还可以选择是8位图像还是16位图像。

◎ **"背景内容"下拉列表框**：用于设置新建图像的背景颜色，系统默认为白色，也可设置为背景色和透明色。

◎ **"高级"按钮**⊗：单击该按钮，"新建"对话框底部会显示"颜色配置文件"和"像素长宽比"两个下拉列表框，如图2-3所示。

图2-3 扩展后的对话框

在对话框中设置文件名称为"图像文件"，宽度、高度分别为800像素和600像素，分辨率为72像素/英寸，颜色模式为RGB颜色，8位，背景为白色，单击 确定 按钮即可新建图像文件，如图2-4所示。

图2-4　新建图像文件

2. 打开图像文件

要想在Photoshop中编辑一个图像，如拍摄的照片或素材等，需要先将其打开。文件的打开方法主要有以下几种。

使用"打开"命令打开

选择【文件】→【打开】命令，或按【Ctrl+O】组合键，打开"打开"对话框，如图2-5所示。在"查找范围"下拉列表框中选择文件存储位置，在中间的列表框中选择需要打开的文件，单击 打开(O) 按钮即可。

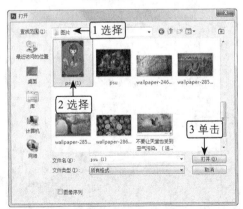

图2-5　"打开"对话框

使用"打开为"命令打开

若Photoshop无法识别文件的格式，则不能使用"打开"命令打开文件。此时可选择【文件】→【打开为】命令，打开"打开为"对话框，如图2-6所示。在其中选中文件，并为其指定打开的格式，然后单击 打开(O) 按钮。

图2-6　"打开为"对话框

> 提示：若这种方法也无法打开文件，则表示所选"打开为"的格式与文件实际格式不匹配，或文件已损坏。

通过快捷方式打开

在没有启动Photoshop的情况下，可将一个图像文件直接拖动到Photoshop应用程序的图标上，如图2-7所示，即可直接启动程序并打开图像。

图2-7　快捷方式打开

✎ 打开最近使用过的文件

选择【文件】→【最近打开文件】命令，在弹出的子菜单中可选择最近打开的文件，如图2-8所示。选择其中的一个文件，即可将其打开。若要清除该目录，可选择菜单底部的"清除最近的文件列表"命令。

图2-8　最近打开文件方法

3. 保存图像文件

新建文件或对文件进行编辑后，若需要保存文件，可选择【文件】→【存储】命令，打开"存储为"对话框，在"保存在"下拉列表中选择存储文件的位置，在"文件名"文本框中输入存储文件的名称，选择存储文件的格式，如图2-9所示，单击 [保存(S)] 按钮，即可保存图像。

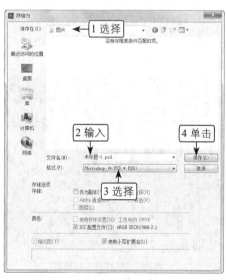

图2-9　存储文件

> 提示：若要对保存后的图片再次进行编辑，可按【Ctrl+S】组合键直接保存，覆盖原来保存的文件。若需要将处理后的图片以其他名称保存在其他位置，可选择【文件】→【存储为】命令，再在打开的对话框中设置保存参数。

4. 关闭图像文件

关闭图像文件的方法有以下几种。

◎ 单击图像窗口标题栏右上角的"关闭"按钮 [×] 。

◎ 选择【文件】→【关闭】命令或按【Ctrl+W】组合键。

◎ 按【Ctrl+F4】组合键。

2.1.2　查看图像

掌握了新建、打开等有关图像的基本操作后，下面开始学习如何查看图像，包括使用缩放工具查看、使用抓手工具查看，以及使用导航器查看等。

1. 使用缩放工具查看

❶ 在工具箱中单击缩放工具 🔍，将鼠标指针移至图像上需要放大的位置，此时鼠标指针变为 🔍 形状，按住鼠标左键不放并向右下方拖动，如图2-10所示，绘制一个矩形虚线框。

图2-10　选定放大区域

❷ 释放鼠标左键，矩形框中的内容被放大至整

个画面，如图2-11所示。

图2-11 放大效果

在工具箱中单击缩放工具 时，默认选中的是放大工具 ，使用该工具直接在图像中单击，也可放大图像。按住【Alt】键时，放大工具自动切换为缩小工具 ，此时在图像上单击可缩小图像。图2-12所示为缩放工具的属性栏。

图2-12 缩放工具属性栏

缩放工具属性栏中的各功能介绍如下。

◎ **"放大"按钮 和"缩小"按钮** ：按下 按钮后，单击图像可使图像放大；按下 按钮后，单击图像可使图像缩小。

◎ **"调整窗口大小以满屏显示"复选框**：在缩放窗口的同时自动调整窗口的大小，使图像满屏显示。

◎ **"缩放所有窗口"复选框**：同时缩放所有打开的文档窗口。

◎ **"细微缩放"复选框**：勾选该项后，在图像中按住鼠标左键并向左或向右拖动指针，可以平滑的方式快速放大或缩小窗口。

◎ **实际像素** 按钮：单击该按钮，图像以实际像素（即100%）的比例显示。

◎ **适合屏幕** 按钮：单击该按钮，可以在窗口中最大化显示完整的图像，也可以双击抓手工具 达到同样的效果。

◎ **填充屏幕** 按钮：单击该按钮，可在整个屏幕范围内最大化显示完整的图像。

◎ **打印尺寸** 按钮：单击该按钮，图像会以实际的打印尺寸显示。

> **技巧**：双击缩放工具 ，可将图片以100%的比例显示。

2. 使用抓手工具查看

使用工具箱中的抓手工具 可以在图像窗口中移动图像。使用缩放工具放大图像后，选择抓手工具 ，在放大的图像窗口中按住鼠标左键并拖动指针，即可随意查看图像，如图2-13所示。

图2-13 使用抓手工具查看图像

> **技巧**：图像的显示比例与图像实际尺寸是有区别的。图像的显示比例是指图像上的像素与屏幕的比例关系，而不是与实际尺寸的比例。改变图像的显示是为了操作方便，与图像本身的分辨率及尺寸无关。

3. 使用导航器查看

选择【窗口】→【导航器】命令，可打开"导航器"面板，其中显示当前图像的预览效果。按住鼠标左键左右拖曳"导航器"面板底部滑动条上的滑块，可实现图像显示的缩小与放大。在滑动条左侧的"缩放数值框"中输入数值，可直接以显示的比例来完成缩放，如图2-14所示。

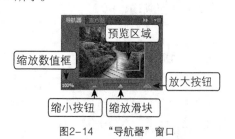

图2-14　"导航器"窗口

当图像放大超过100%时，"导航器"面板中的图像预览区中便会显示一个红色的矩形线框，表示当前视图中只能观察到矩形线框内的图像。将鼠标指针移动到预览区，此时指针变成 状，按住左键不放并拖动，可调整图像的显示区域，如图2-15所示。

图2-15　显示预览

2.1.3　使用辅助工具

Photoshop CS6中提供了多个辅助用户处理图像的工具，大多在"视图"菜单中。这些工具对图像不起任何编辑作用，仅用于测量或定位图像，使图像处理得更精确，并可提高工作效率。

1.　使用标尺

选择【视图】→【标尺】命令或者按【Ctrl+R】组合键，即可在打开的图像文件左侧边缘和顶部显示或隐藏标尺，如图2-16所示。通过标尺可以查看图像的宽度和高度的大小。

图2-16　标尺

标尺X轴和Y轴的原点坐标在左上角。在标尺左上角相交处按住鼠标左键不放，此时鼠标指针变为十字形状，拖曳指针到图像中的任一位置处，如图2-17所示，释放鼠标左键，此时拖动到的目标位置即为标尺的X和Y轴的原点相交处。

图2-17　标尺原点坐标

2.　使用网格

在图像处理中设置网格线可以让图像处理操作更精准。选择【视图】→【显示】→【网格】命令或按【Ctrl+'】组合键，可以在图像窗口中显示或隐藏网格线，如图2-18所示。

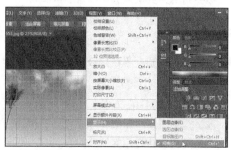

图2-18　显示网格

按【Ctrl+K】组合键打开"首选项"对话框，在左侧的列表中选择"参考线、网格和切片"选项，然后在右侧的"网格"栏中设置网格的颜色、样式、网格间距和子网格数量，如图2-19所示。

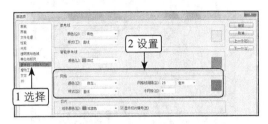

图2-19　设置首选项

3. 使用参考线

参考线是浮动在图像上的直线，用于给设计者提供参考位置，不会被打印出来。创建参考线的具体操作如下。

❶ 选择【视图】→【新建参考线】命令，打开如图2-20所示的"新建参考线"对话框，在"取向"栏中选择参考线类型，在"位置"文本框中输入参考线的位置。

图2-20　"新建参考线"对话框

❷ 单击 确定 按钮即可在相应位置处创建一条参考线，如图2-21所示。

图2-21　新建参考线

可以通过标尺创建参考线。将鼠标指针置于窗口顶部或左侧的标尺处，按住鼠标左键不放并向图像区域拖动，这时鼠标指针呈 或 形状，同时会在右上角显示当前标尺的位置，释放鼠标左键后即可在释放处创建一条参考

线，如图2-22所示。

图2-22　从标尺创建参考线

4. 智能参考线

启用智能参考线后，参考线会在需要时自动出现。当使用移动工具移动对象时，可通过智能参考线对齐形状、切片和选区。

选择【视图】→【显示】→【智能参考线】命令，即可启动智能参考线。图2-23所示为移动对象时，智能参考线自动对齐到中心。

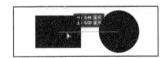

图2-23　智能参考线

5. 智能对齐

对齐工具有助于精确地放置选区、裁剪选框、切片、形状和路径。选择【视图】→【对齐】命令，使该命令处于勾选状态，然后在【视图】→【对齐到】命令的子菜单中选择一个对齐项目，如图2-24所示。带有✔标记表示启用了该项目。

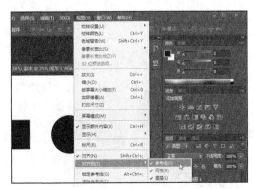

图2-24　智能对齐

6. 案例——设置网格属性

本案例主要使用了如图2-25所示的"蓝天"图像，设置网格属性。通过调整网格属性，可以方便用户在对图像进行处理时做各种操作。制作该实例的关键是在"首选项"对话框中对网格做具体的参数设置。

图2-25 "蓝天"图像

素材\第2课\课堂讲解\蓝天.jpg
效果\第2课\课堂讲解\蓝天.psd

❶ 启动Photoshop Cs6，选择【文件】→【打开】命令，打开"打开"对话框。

❷ 在"选择范围"下拉列表框中选择素材文件所在位置，在中间的列表框中选择素材文件，单击 打开(O) 按钮，如图2-26所示。

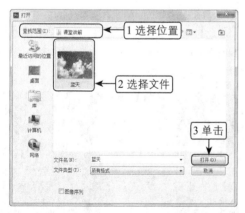

图2-26 打开素材文件

❸ 选择【视图】→【显示】→【网格】命令，显示图像中的网格，如图2-27所示。

❹ 选择【编辑】→【首选项】→【参考线、网格和切片】命令，打开"首选项"对话框，如图2-28所示。

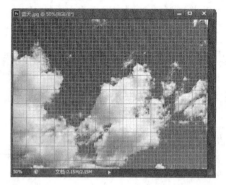

图2-27 显示网格

图2-28 选择命令

❺ 在"网格"栏中单击"颜色"下拉列表框右侧的下拉按钮 ，在弹出的菜单中选择"浅红色"；设置"网格线"间隔为"2"，单位为"厘米"；"子网格"数为"1"，单击 确定 按钮，如图2-29所示。

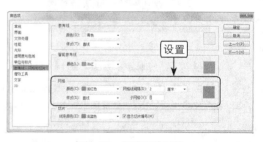

图2-29 设置网格属性

❻ 得到改变网格大小后的效果，如图2-30所示。

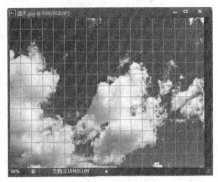

图2-30　网格效果

❼ 选择【视图】→【存储为】命令，打开"存储为"对话框，在"保存在"下拉列表框中选择保存位置，保持"文件名"下拉列表框中的文件名不变，在"类型"下拉列表框中选择保存类型为PSD，单击 保存(S) 按钮，如图2-31所示。

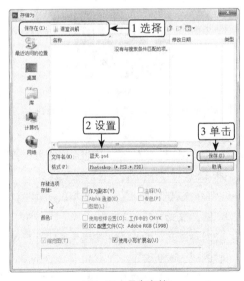

图2-31　另存文档

2.1.4　填充图像颜色

在Photoshop中，一般都是通过前景色和背景色、拾色器、颜色调板以及吸管工具等方法来设置颜色。

1.　设置前景色和背景色

在Photoshop默认状态下，前景色为黑色，背景色为白色。在图像处理过程中通常要对颜色进行处理，为了更快速、高效地设置前景色和背景色，在工具箱中，提供了用于颜色设置的前景色和前景色按钮，如图2-32所示。按下切换前景色和背景色 按钮，可以使前景色和背景色互换；按下默认前景色和背景色 按钮，能将前景色和背景色恢复为默认的黑色和白色。

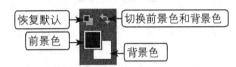

图2-32　前/背景色按钮

> ❗ 技巧：按【Alt+Delete】组合键可以填充前景色，按【Ctrl+Delete】组合键可以填充背景色。

2.　使用拾色器设置颜色

通过"拾色器"对话框可以根据自己的需要随意设置前景色和背景色。

单击工具箱下方的前景色或背景色图标，即可打开如图2-33所示的"拾色器"对话框。在对话框中拖动颜色滑条上的三角滑块，可以改变左侧主颜色框中的颜色范围，用鼠标单击颜色区域，即可吸取需要的颜色，吸取后的颜色值将显示在右侧对应的选项中，设置完成后单击 确定 按钮即可。

图2-33　"拾色器"对话框

3. 使用"颜色"面板设置颜色

选择【窗口】→【颜色】命令或按【F6】键即可打开"颜色"面板，单击需要设置前景色或背景色的图标，再拖动右边的R、G、B 3个滑块或直接在右侧的文本框中分别输入颜色值，即可设置需要的前/背景色颜色，如图2-34所示。

图2-34 "颜色"面板

技巧：将鼠标指针移动到颜色条上所需的颜色处单击，此颜色值将显示到上方的新的颜色框中。

4. 使用吸管工具设置颜色

使用吸管工具可以在图像中吸取样本颜色，并将吸取的颜色显示在前/背景色的色标中。选择工具箱中的吸管工具 ，在图像中单击，单击处的图像颜色将成为前景色，如图2-35所示。

图2-35 吸取颜色

在图像中移动鼠标指针的同时，"信息"面板中也将显示与鼠标指针相对应的像素点的色彩信息。选择【窗口】→【信息】命令，可打开"信息"面板，如图2-36所示。

图2-36 "信息"面板

提示："信息"面板可以用于显示当前位置的色彩信息，并根据当前使用的工具显示其他信息。使用工具箱中的任何一种工具在图像上移动鼠标指针"信息"面板上都会显示当前鼠标指针下的色彩信息。

5. 使用渐变工具填充

渐变工具可以创建出各种渐变填充效果。单击工具箱中的渐变工具 ，其工具属性栏如图2-37所示，其中各选项的含义如下。

图2-37 渐变工具

◎ 下拉列表框：单击其右侧的 按钮将打开如图2-38所示的"渐变工具"面板。其中提供了15种颜色渐变模式供用户选择，单击面板右侧的 按钮，在弹出的下拉菜单中可以选择其他渐变集。

图2-38 "渐变工具"面板

◎ **"线性渐变"按钮**：从起点（单击位置）到终点以直线方向进行颜色的渐变。

◎ **"径向渐变"按钮**：从起点到终点以圆形图案沿半径方向进行颜色的逐渐改变。

◎ **"角度渐变"按钮**：围绕起点按顺时针方向逐渐改变。

◎ **"对称渐变"按钮**：在起点两侧进行对称性的颜色逐渐改变。

◎ **"菱形渐变"按钮**：从起点向外侧以菱形方式进行颜色的逐渐改变。

◎ **"模式"下拉列表框**：用于设置填充的渐变颜色与它下面的图像如何进行混合，各选项与图层的混合模式作用相同。

◎ **"不透明度"数值框**：用于设置填充渐变颜色的透明程度。

◎ **"反向"复选框**：选中该复选框后产生的渐

变颜色将与设置的渐变顺序相反。

◎ **"仿色"复选框**：选中该复选框可使用递色法来表现中间色调，使渐变更加平滑。

◎ **"透明区域"复选框**：选中该复选框可在 ▇▇▇▇ 下拉列表框中设置透明的颜色段。

设置好渐变颜色和渐变模式等参数后，将鼠标指针移到图像窗口中适当的位置处按下左键并拖动到另一位置后释放鼠标左键即可进行渐变填充，拖动的方向和长短不同，得到的渐变效果也不相同。

6. 案例——填充圣诞树图像

本案例将填充圣诞树图像，主要使用了图2-39所示的"圣诞树"图像，通过设置前景色和"颜色"面板为图像填充颜色。制作该实例的关键是在"拾色器"对话框中设置颜色，然后为图像进行填充。

图2-39 "圣诞树"图像

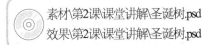

素材\第2课\课堂讲解\圣诞树.psd
效果\第2课\课堂讲解\圣诞树.psd

❶ 启动Photoshop CS6，选择【文件】→【打开】命令，如图2-40所示。

❷ 打开"打开"对话框，在"查找范围"下拉列表框中选择素材文件所在位置，在中间的列表框中选择文件，单击 打开(O) 按钮，

如图2-41所示。

图2-40 选择命令

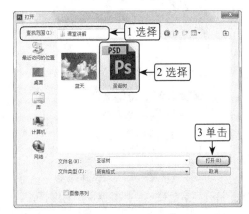

图2-41 "打开"对话框

❸ 打开"圣诞树.psd"文件，在右侧的"图层"面板中选中"背景"图层，如图2-42所示。

图2-42 选中"背景"图层

❹ 在工具箱中选择渐变工具 ▇，在工具属性栏中单击渐变条 ▇▇▇，如图2-43所示。

图2-43 选择工具

❺ 打开"渐变编辑器"窗口，单击渐变条左侧下方的色标，然后在"色标"栏中单击"颜色"右侧的色块，如图2-44所示。

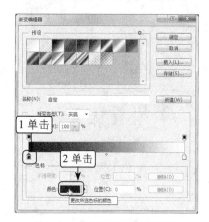

图2-44 选择要更改颜色的色标

❻ 打开"拾色器（色标颜色）"对话框，设置RGB为（198，2，7），单击 确定 按钮，如图2-45所示。

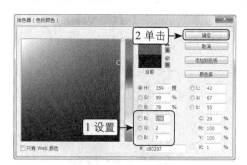

图2-45 设置颜色

❼ 返回"渐变编辑器"窗口，单击选择渐变条右侧下方的色标，然后在"色标"栏中单击"颜色"右侧的色块，如图2-46所示。

图2-46 选择要更改颜色的色标

❽ 打开"拾色器（色标颜色）"对话框，设置RGB为（254，112，112），单击 确定 按钮，如图2-47所示。

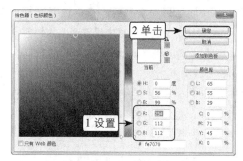

图2-47 设置颜色

❾ 返回"渐变编辑器"窗口，单击 确定 按钮，返回Photoshop CS6的工作界面。

❿ 在渐变工具的工具属性兰中单击"径向渐变"按钮，在图像的左上角按住鼠标左键不放并向右下拖动到图形的中间位置，然后释放鼠标左键，如图2-48所示。

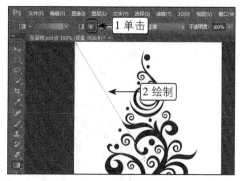

图2-48 绘制渐变

⓫ 此时为背景图层添加由浅红到深红的径向渐变，结果如图2-49所示。

图2-49 填充结果

⑫ 在工具箱中的渐变工具上单击鼠标右键，打开渐变工具组，在其中选择"油漆桶工具"，如图2-50所示。

图2-50　选择油漆桶工具

⑬ 在工具箱中单击"前景色"色块，打开"拾色器（前景色）"对话框，在该对话框中设置颜色为淡绿（R:72,G:248,B:194），单击 确定 按钮，如图2-51所示。

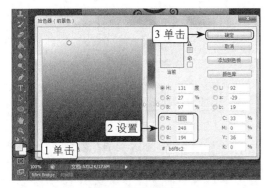

图2-51　打开拾色器

⑭ 在"图层"面板中单击选中"圣诞树"图层。将鼠标指针移到图像上，此时鼠标指针变为 形状，在圣诞树主躯干上单击，将黑色填充为设置的绿色，如图2-52所示。

图2-52　填充圣诞树躯干

⑮ 在"颜色"面板中拖动R、G、B对应的滑块，或直接在后面的数值框中输入数值，更改颜色，这里将颜色更改为深绿（R:70,G:179,B:763），然后在图像的黑色躯干上继续单击填充颜色，如图2-53所示。

图2-53　填充颜色

⑯ 使用相同的方法，更改前景色的颜色，填充"圣诞树"图层中的图案颜色，最终效果如图2-54所示。

图2-54　最终效果

⏱ 试一试

在"颜色"面板中分别拖动R、G、B下面的滑块，看怎样能较快地得到自己所需的颜色。

2.2 上机实战

本课上机实战主要有两个案例，一个是新建文件并填充颜色后将其保存，另一个是填充艺术文字。综合练习本课学习的知识点，将使用到图像文件的基本操作以及图像颜色的设置和填充方式。上机目标如下。

◎ 熟练掌握如何在"新建"对话框中设置文件属性。

◎ 掌握如何在"打开"对话框中根据保存路径找到所需的文件。

◎ 熟练掌握渐变工具的使用。

建议上机学时：2学时。

2.2.1 新建文件并填充颜色后保存

1. 实例目标

本实例将新建一个图像文件，然后填充文件的界面颜色，再对文件进行保存。通过本实例的操作，可以熟练掌握Photoshop CS6中图像文件的操作方式。

2. 操作思路

根据上面的操作要求，本例的操作思路如图2-55所示。

1）新建文档

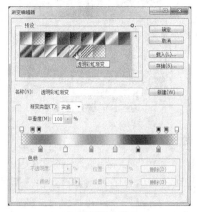

2）设置填充颜色

3）保存文档

图2-55 新建"填色"文档

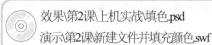

效果\第2课\上机实战填色.psd
演示\第2课\新建文件并填充颜色.swf

本例的主要操作步骤如下。

❶ 启动Photoshop CS6，选择【文件】→【新建】命令，打开"新建"对话框。

❷ 在"名称"文本框中输入"填色"，在"宽度"文本框中输入800，单击右侧下拉列表框的下拉按钮，在弹出的下拉列表中选择"像素"选项，设置宽度为800像素。

❸ 在"高度"文本框中输入"600"，并使用同样的方法设置宽度的单位为"像素"。在"分辨率"文本框中输入"72"，设置分辨率的单位为"像素/英寸"。

❹ 设置"颜色模式"为"RGB颜色"，在其后的下拉列表框中选择"8位"选项。默认"背景内容"下拉列表框中选中的白色，单

击 ⎡ 确定 ⎤ 按钮。

❺ 选择渐变工具 ⬛，在其工具属性栏中单击单击渐变条 ⬛▼，打开"渐变编辑器"窗口。在该窗口的"预设"栏中选择"透明彩虹渐变"选项，单击 ⎡ 确定 ⎤ 按钮。

❻ 在工具属性栏中单击"线性渐变"按钮 ⬛。将鼠标指针移至图像编辑窗口中，鼠标指针变为 ⊹ 形状。在图像绘制区域的左上角单击鼠标左键不放，拖动到右下角后释放鼠标左键，填充渐变。

❼ 选择【文件】→【存储】命令，打开"存储为"对话框，在"保存在"下拉列表框中选择文件保存位置，默认文件名和格式类型，单击 ⎡ 保存(S) ⎤ 按钮。

2.2.2 填充文字

1. 实例目标

本案例需要填充文字，填充文字的各个部分，为文字设置五彩缤纷的颜色。制作过程涉及渐变工具和填充工具的使用。

2. 操作思路

根据上面的操作要求，本例的操作思路如图2-56所示。

素材\第2课\上机实战填充文字.psd
效果\第2课\上机实战填充文字.psd
演示\第2课\填充文字.swf

1）打开文档

2）填充文字

图2-56 填充文字

本例的主要操作步骤如下。

❶ 启动Photoshop CS6，选择【文件】→【打开】命令，打开"打开"对话框，在"查找路径"下拉列表框中选择素材文件所在位置，在中间的列表框中选择文件，单击 ⎡ 打开(O) ⎤ 按钮打开该文档。

❷ 在"图层"面板中单击"背景渐变"图层，将其选中，在工具箱中选择渐变工具，在工具属性栏中单击渐变条。

❸ 在打开的"渐变编辑器"的"预设"栏中选择"前景色到背景色渐变"选项，单击渐变条左下角的色标，在"色标"栏中单击"颜色"右侧的色块。

❹ 打开"拾色器（色标颜色）"窗口，在其中设置颜色为（R:0,G:102,B:210），单击 ⎡ 确定 ⎤ 按钮返回"渐变编辑器"窗口，再单击 ⎡ 确定 ⎤ 按钮。

❺ 返回工作界面，在图像编辑窗口中单击鼠标左键不放并拖动，绘制渐变。

❻ 在工具箱的渐变工具上单击鼠标右键，在弹出的工具组中选择油漆桶工具，单击工具箱中的前景色色块。

❼ 打开"拾色器（前景色）"窗口，在其中设置前景色为（R:3,G:70,B:146），单击 ⎡ 确定 ⎤ 按钮。

❽ 在"图层"面板中单击选中"文字"图层，再将鼠标指针移至图像编辑区中，此时鼠标指针变为 形状。将三角箭头移至P文字上，单击鼠标左键，即可填充颜色。更改前景色的颜色，然后填充其他的文字。

❾ 选择【文件】→【存储为】命令，在"保存在"下拉列表框中选择文件保存位置，默认文件名和格式类型，单击 ⎡ 保存(S) ⎤ 按钮

2.3 常见疑难解析

问： 在新建图像文件时怎样设置背景颜色呢？

答： 在新建图像之前，可以先在工具箱下方的前景色拾色器中设置好所需的颜色，然后在新建对话框中的"背景内容"下拉列表框中选择设置的颜色即可。

问： 有时使用鼠标指针在图像上边缘和左边缘拖动，不能拖出参考线，要怎样才能解决呢？

答： 在没有显示标尺的情况下，可以选择【视图】→【新建参考线】命令，在打开的对话框中设置参考线的相关参数。如要手动拖出参考线，首先要显示标尺。选择【视图】→【标尺】命令，或按【Ctrl+R】组合键即可显示标尺。

问： 在打开图像文件时，为什么有的文件要很长时间才能打开？

答： 文件大小会影响文件的打开速度，一般情况下创建的文件只有几十KB或几百KB，而有的文件（如建筑效果图、园林效果图等）可能有几百MB，计算机在打开这类文件时要花费较长的时间。

2.4 课后练习

（1）打开素材文件"小蜜蜂.jpg"，如图2-57所示，使用油漆桶工具分别填充图形中的各个部分。

素材\第2课\课后练习\小蜜蜂.jpg　　　　效果\第2课\课后练习\小蜜蜂.psd
演示\第2课\填充"小蜜蜂"图像.swf

（2）打开素材文件"小路.jpg"，如图2-58所示，显示标尺和网格线，并在导航器中进行查看。

素材\第2课\课后练习\小路.jpg　　　　演示\第2课\查看"小路"图像.swf

图2-57　小蜜蜂图像　　　　　　　　　　图2-58　查看"小路"图片

第 3 课
图像编辑的基本操作

学生：老师，通过前面的学习我们基本掌握了Photoshop CS6的工作界面、颜色模式，以及创建选区的一些基本的操作，可是我还不知道具体怎么对图像进行编辑呢？

老师：在前几章我们学习了有关Photoshop CS6的一些基础知识，并且掌握了一些辅助功能的运用，但这些功能还达不到处理图像的要求。

学生：一般编辑图像的操作有哪些呢？

老师：图像的编辑包括调整图像的大小和画布的大小，对图像进行倾斜、缩放、旋转、透视、扭曲、变形等操作，并且如果对编辑的效果不满意，还可以利用"历史记录"面板回到前几步的操作。

学生：Photoshop的功能好强大！只要掌握了这些基本操作功能，我就能够更快地对图像进行处理吗？

老师：是的！只要掌握了这些基本操作，就可以随心所欲地变形图像。

学生：看来这一章很重要，老师，那我们就赶快开始吧！

学习目标

▶ 熟悉调整图像大小的操作

▶ 掌握使用变换工具调整图形的操作

▶ 熟悉"历史记录"面板的作用

▶ 掌握"操控变形"的操作

3.1 课堂讲解

本课将主要讲解图像编辑的基本操作，其中包括恢复与还原图像、调整图像大小和方向、图像的变换、复制与粘贴等。通过相关知识点的学习和几个案例的制作，可初步了解和掌握一些简单的图像基本操作。

3.1.1 调整图像

新建或是打开图像之后，需要对图像进行一些基本操作。本节将主要介绍图像大小和方向的调整、图像的变换操作、复制与粘贴图像等。

1. 调整图像大小

图像的大小由宽度、长度、分辨率来决定，在新建文件时，"新建"对话框右侧会显示当前新建文件的大小。当图像文件完成创建后，如果需要改变其大小，可以选择【图像】→【图像大小】命令，然后在打开的如图3-1所示的对话框中进行设置。

图3-1 图像大小

"图像大小"对话框中各选项含义如下。

◎ **"像素大小"/"文档大小"栏**：通过在数值框中输入数值来改变图像大小。

◎ **"分辨率"数值框**：在该数值框中重设分辨率可改变图像大小。

◎ **"缩放样式"复选框**：选中该复选框，可以保证图像中的各种样式（如图层样式等）按比例进行缩放。只有选中"约束比例"复选框后，该选项才能被激活。

◎ **"约束比例"复选框**：选中该复选框，在"宽度"和"高度"数值框后面将出现"链接"标识，表示改变其中一项设置时，另一项也将按相同比例改变。

◎ **"重定图像像素"复选框**：选中该复选框可以改变像素的大小。

2. 调整画布大小

使用"画布大小"命令可以精确地设置图像画布的尺寸。选择【图像】→【画布大小】命令，打开"画布大小"对话框，在其中可以修改画布的"宽度"和"高度"参数。

"画布大小"对话框中各选项含义如下。

◎ **"当前大小"栏**：显示当前图像画布的实际大小。

◎ **"新建大小"栏**：设置调整后图像的宽度和高度，默认为当前大小。如果设定的宽度和高度大于图像的尺寸，Photoshop则会在原图像的基础上增加画布面积。反之，则减小画布面积。

◎ **"相对"复选框**：若选中该复选框，则"新建大小"栏中的"宽度"和"高度"表示在原画布的基础上增加或是减少的尺寸（而非调整后的画布尺寸），正值表示增大尺寸，负值表示减小尺寸。

◎ **"定位"选项**：单击不同的方格，可指示当前图像在新画布上的位置。

打开如图3-2所示的原图像。

图3-2 打开的原图像

选择【图像】→【画布大小】命令，打

开"画布大小"对话框。对话框中显示当前画布的宽为176.39cm，高为117.83cm，默认"定位"位置为中央，表示增加或减少画布时，增加或者减少的部分会由中心向外进行扩展。改变宽度为100厘米，高度为70厘米，其余设置不变，得到调整画布后的图像如图3-3所示。

图3-3 调整画布后的图像

3. 调整视图方向

要调整图像的方向，可以选择【图像】→【图像旋转】命令，在打开的子菜单中选择相应命令来完成，如图3-4所示。

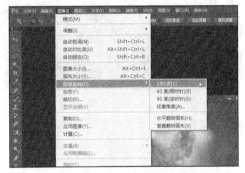

图3-4 图像旋转菜单命令

各调整命令的作用如下。

◎ **180度**：选择该命令可将整幅图像旋转180°。

◎ **90度（顺时针）**：选择该命令可将整幅图像顺时针旋转90°。

◎ **90度（逆时针）**：选择该命令可将整幅图像逆时针旋转90°。

◎ **任意角度**：选择该命令，将打开如图3-5所示的"旋转画布"对话框，在"角度"文本框中输入将要旋转的角度，范围

在−359.99～359.99之间，旋转的方向由"顺时针"和"逆时针"单选项决定。

图3-5 旋转画布

◎ **水平翻转画布**：选择该选项可水平翻转画布，如图3-6所示。

图3-6 水平翻转

◎ **垂直翻转画布**：选择该选项可垂直翻转画布，如图3-7所示。

图3-7 垂直翻转

4. 案例——调整图像大小和方向

本案例将对如图3-8所示的"常青"图像进行调整，包括调整图片的大小、更改图片的显示方向等。

 素材\第3课\课堂讲解\常青.jpg
效果\第3课\课堂讲解\常青.jpg

图3-8 "常青"图像

❶ 启动Photoshop CS6，选择【文件】→【打

开】命令，打开"打开"对话框。

❷ 在"查找范围"下拉列表框中选择素材文件
所在位置，在中间的列表框中选择素材文
件，单击 [打开(O)] 按钮，如图3-9所示。

图3-9　打开素材

❸ 选择【图像】→【图像大小】命令，如图
3-10所示。

图3-10　选择命令

❹ 打开"图像大小"对话框，在"像素大小"
栏中显示了当前文件的大小为45.6MB，如图
3-11所示。

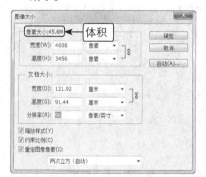

图3-11　查看当前文件大小和各参数

❺ 在"文档大小"栏的"分辨率"文本框中

输入72，然后在"宽度"文本框中输入
"20"，其他链接文本框中的参数发生相应
变化，在"像素大小"栏处显示了更改之后
的大小和更改之前的大小，如图3-12所示，
单击 [确定] 按钮。

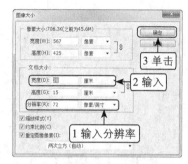

图3-12　更改分辨率和文档大小

❻ 此时图片在图像编辑窗口中变得很小，如图
3-13所示。

图3-13　图片变得很小

❼ 在该窗口的左下角将比例更改为100%，按
【Enter】键确认，如图3-14所示。

图3-14　修改显示比例

❽ 选择【图像】→【图像旋转】→【水平翻转画布】命令，如图3-15所示。

图3-15　水平翻转画布

❾ 此时画布水平翻转，效果如图3-16所示。

图3-16　翻转效果

❿ 选择【文件】→【存储为】命令，如图3-17所示，打开"另存为"对话框。

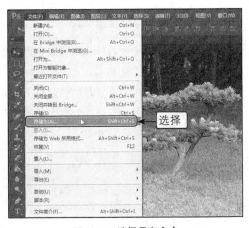

图3-17　选择另存命令

⓫ 在"保存在"下拉列表框中选择图像保存位置，默认文件名为"常青.jpg"，格式为JPEG格式，单击 保存(S) 按钮，如图3-18所示。

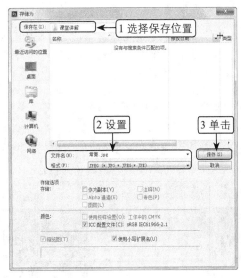

图3-18　保存文件

⓬ 在打开的"JPEG选项"对话框中保持默认设置，单击 确定 按钮，如图3-19所示，完成保存操作。

图3-19　完成保存

⓭ 在Photoshop工作界面中单击图像标题栏上的 ✕ 按钮，关闭图像，再单击右上角的"关闭"按钮 ✕ ，退出Photoshop CS6。

⏱ 试一试

取消选中"图像大小"对话框中的"缩放样式"复选框后，看看改变图像大小后会有什么效果。

3.1.2 编辑图像

编辑图像有多种操作方式，下面将具体讲解。

1. 变换图像

变换图像是编辑处理图像时经常使用的操作，它可以使图像产生缩放、旋转与斜切、扭曲与透视等效果。

定界框、中心点和控制点

选择【编辑】→【变换】命令，在打开的子菜单中可选择多种变换命令，如图3-20所示。这些命令可对图层、路径、矢量形状，以及选中的图像进行变换。

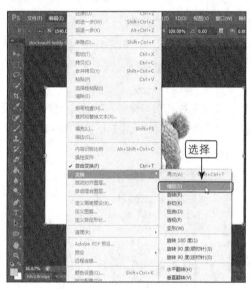

图3-20　变换命令

选择这些命令时，在图像周围会出现一个定界框，如图3-21所示。定界框中央有一个中心点，拖动可调整其位置，用于确定在变换时，图像以它为中心进行变换；四周有8个控制点，用于进行变换操作。

> 提示：选择【编辑】→【变换】命令，在其子菜单中选择"旋转180度"、"旋转90度（顺时针）"、"旋转80度（逆时针）"等可直接得到结果的命令时，不会出现定界框。

图3-21　定界框

> 技巧：选择【编辑】→【自由变换】命令，或按【Ctrl+T】组合键都可以快速显示定界框。

移动图像

使用移动工具 ►+ 可移动图层或选区中的图像，还可将其他文档中的图像移动到当前文档中。

◎ 在"图层"面板中选中要移动的图像所在的图层，在图像编辑区使用移动工具按住鼠标左键并拖动，即可移动该图层中的图像。

◎ 若创建了选区，可将鼠标指针移至选区内，按住鼠标左键不放并拖动，即可移动选中对象。

> 技巧：使用移动工具移动图像时，同时按住【Alt】键，可复制图像，同时生成一个新的图层。

◎ 若打开两个或多个文档，选择移动工具，将鼠标指针移至一个图像中，单击鼠标左键不放并将其拖动到另一个文档的标题栏上切换到该文档，将鼠标指针移动到该文档的画面中再释放鼠标，即可将图像拖入该文档。

移动工具

移动工具 ►+ 的工具属性栏如图3-22所示，其中各选项作用介绍如下。

图3-22 移动工具属性栏

◎ "自动选择"复选框：若文档中包含多个图层或图层组，可勾选该项并在下拉列表中选择要移动的内容。选择"图层"，使用移动工具在画面中单击时，可以自动选择工具下面包含像素的最顶层的图层；选择"组"，则在画面中单击时，可以自动选择工具下包含像素的最顶层的图层所在的图层组。

◎ "显示变换控件"复选框：勾选该选项后，选择一个图层时，会在图层内容的周围显示定界框。

◎ "对齐图层"按钮：选择两个或多个图层后，可单击相应的按钮让所选图层对齐。这些按钮包括顶对齐、垂直居中对齐、底对齐、左对齐、水平居中对齐和右对齐。

◎ "分布图层"按钮：若选择了3个或3个以上的图层，可单击相应的按钮使所选图层按一定规则分布，包括按顶分布、垂直居中分布、按底分布、按左分布、水平居中分布、按右分布和自动对齐图层。

◎ "3D模式"按钮：提供了可对3D模型进行移动、缩放等操作的工具，包括旋转3D对象工具、滚动3D对象工具、拖动3D对象工具、滑动3D对象工具和缩放3D对象工具。

✎ **缩放图像**

选择【编辑】→【变换】→【缩放】命令，出现定界框。将鼠标指针移至定界框右下角的控制点上，当鼠标指针变成形状时，按住鼠标左键不放并拖动，可放大或缩小对象。图3-23所示为缩小图像。

图3-23 缩小图像

> ⚠ 技巧：在缩小图像的同时按住【Shift】键，可保持图像的高宽比不变。

✎ **旋转与斜切图像**

选择【编辑】→【变换】命令，然后在打开的子菜单中选择"旋转"命令，将鼠标指针移至定界框的任意一角上，当鼠标指针变为形状时，按住鼠标左键不放并拖动可旋转图像，如图3-24所示。

图3-24 旋转图像

选择【编辑】→【变换】命令，然后在打开的子菜单中选择"斜切"命令，将鼠标指针移至定界框的任意一角上，当鼠标指针变为形状时，按住鼠标左键不放并拖动可斜切图像，如图3-25所示。

图3-25 斜切图像

✎ **扭曲与透视图像**

在编辑图像时，为了增添景深效果，常需要将图像进行扭曲或透视。选择【编辑】→

【变换】命令，在打开的子菜单中选择"扭曲"命令。将鼠标指针移至定界框的任意一角上，当鼠标指针变为▷形状时，按住鼠标左键不放并拖动可扭曲图像，如图3-26所示。

图3-26　扭曲图像

选择【编辑】→【变换】命令，在打开的子菜单中选择"透视"命令，将鼠标指针移至定界框的任意一角上，当鼠标指针变为▷形状时，单击鼠标左键不放并拖动可透视图像，如图3-27所示。

图3-27　透视图像

🖊 **变形图像**

选择【编辑】→【变换】→【变形】命令，图像中将出现由6个调整方格组成的调整区域，在其中按住鼠标左键不放并拖动可变形图像。按住每个端点中的控制杆进行拖动，还可以调整图像变形效果，如图3-28所示。

🖊 **翻转图像**

在图像编辑过程中，如需要使用对称的图像，可以将图像翻转。选择【编辑】→【变换】命令，在打开的子菜单中选择"水平翻转"或"垂直翻转"命令即可翻转图像，如图3-29所示。

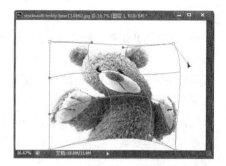

图3-28　变形图像

图3-29　垂直翻转图像

2．复制与粘贴图像

复制指对整个图像或选择的部分区域创建副本，然后将图像粘贴到另一处或另一个图像文件中。使用选区工具选中要复制的图形，然后选择【编辑】→【拷贝】命令，切换到要粘贴图像的文档或图层中，选择【编辑】→【粘贴】命令即可。图3-30所示为复制图像区域，图3-31所示为粘贴图像效果。

图3-30　复制图像

❗ 技巧：按【Ctrl+C】组合键可快速复制图像或图像区域，按【Ctrl+V】组合键可快速粘贴。

图3-31 粘贴图像

3. 裁剪图像

在Photoshop中处理图像时，经常需要删掉多余的部分。

✎ **裁剪工具**

使用工具箱中的裁剪工具 ⊞ 可以对图像的大小进行裁剪。选择裁剪工具，工具属性栏如图3-32所示，其中各选项含义如下。

图3-32 裁剪工具属性栏

◎ 不受约束 按钮：单击该按钮，在打开的下拉菜单中可选择预设的裁剪选项。

◎ "高度"和"宽度"文本框：用于输入裁剪保留区域的高度和宽度。

◎ "纵向与横向旋转裁剪框" ⟳：单击该按钮，可以将裁剪框旋转90°。

◎ "拉直"按钮 ⊞：若画面内容出现倾斜的情况，可按下该按钮，在画面中单击并拖出一条直线，让它与地平线、建筑物墙面或其他关键元素对齐，如图3-33所示。Photoshop会以该线为水平面旋转图像，自动校正画面内容，如图3-34所示，调整裁剪框的大小，按【Enter】键确认即可。

◎ "视图"按钮：单击视图右侧的按钮，在打开的下拉菜单中可选择不同的命令来显示裁剪参考线。

◎ "设置其他裁切选项"按钮 ⚙：单击该按钮，在打开的下拉菜单中可选择使用经典模式进行裁剪操作，或启用裁剪屏蔽。

图3-33 拉直图像

图3-34 校正效果

◎ "删除裁剪的像素"复选框：选中该复选框，在进行裁剪操作时，将彻底删除裁剪掉的区域；不选中该复选框，在进行裁剪操作时，Photoshop会将裁剪掉的区域保留在文件中，使用移动工具拖动图像，可显示隐藏的图像内容。

◎ "复位"按钮 ⟳：单击该按钮，可将裁剪框、图像旋转和长宽比恢复为初始状态。

◎ "提交"按钮 ✓：单击该按钮可确认操作。

◎ "取消"按钮 ⊘：单击该按钮可放弃操作。

✎ **透视裁剪工具**

在使用广角镜头拍摄时，由于视角较低，会使图像产生透视变形。Photoshop CS6新增的透视裁剪工具 ⊞，可很好地校正透视问题。

在工具箱的裁剪工具上单击鼠标右键，在弹出的裁剪工具组中可选择透视裁剪工具，如图3-35所示，其工具属性栏如图3-36所示。

图3-35 选择透视裁剪工具

图3-36　透视裁剪工具的工具属性栏

选择透视裁剪工具后，在图像中按住鼠标左键不放并拖动，框选要进行调整的区域，框选后释放鼠标左键即可。透视裁剪工具属性栏中各参数含义如下。

◎　"W"／"H"数值框：在其中分别输入图像的宽度和高度，可以按设定的尺寸裁剪图像。按下中间的 按钮可对调这两个参数值。

◎　"分辨率"数值框：可以输入图像的分辨率，裁剪图像后，Photoshop会自动将图像的分辨率调整为设定的大小。

◎　前面的图像 按钮：单击该按钮，可在"W"、"H"和"分辨率"数值框中显示当前文档的相应参数值。如果同时打开了两个文档，则会显示另外一个文档的相应参数值。

◎　清除 按钮：单击该按钮，可清空"W"、"H"和"分辨率"数值框中的数值。

◎　"显示网格"复选框：选中该复选框，可以显示网格线，如图3-37所示；否则将隐藏网格线，如图3-38所示。

图3-37　显示网格线

图3-38　隐藏网格线

4. 填充和描边图像

在Photoshop CS6中除了可使用渐变工具和油漆桶工具填充图形之外，还可使用菜单命令对图像进行填充和描边。在使用这些命令之前需要在图像中绘制选区，然后再进行操作。

填充图像

"填充"命令主要用于对选择区域或整个图层填充颜色或图案。选择【编辑】→【填充】命令，打开"填充"对话框。其中参数介绍如下。

◎　"使用"下拉列表框：在该下拉列表框中有多种填充内容，如图3-39所示，包括前景色、背景色、图案、历史记录、黑色、50%灰色及白色等。

图3-39　"使用"下拉列表

◎　"混合"栏：在该栏中可以分别设置不透明度及填充模式等。

在图像中创建一个选区，如图3-40所示，选择【编辑】→【填充】命令，打开"填充"对话框，在"使用"下拉列表框中选择"图案"，然后在"自定图案"下拉列表框中选择一种喜欢的图案，如图3-41所示，单击 确定 按钮得到填充的图案效果，如图3-42所示。

图3-40　新建选区

图3-41 选择图案

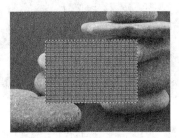

图3-42 填充图案

描边图像

"描边"命令用于在用户选定的区域边界线上，用前景色进行笔画式的描边。在图像中创建一个选区，如图3-43所示，选择【编辑】→【描边】命令，打开"描边"对话框，设置描边宽度、颜色和位置，如图3-44所示，单击 确定 按钮得到图像的描边效果，如图3-45所示。

图3-43 创建选区

图3-44 设置描边参数

图3-45 描边效果

"描边"对话框中各选项含义如下。

◎ **"宽度"数值框**：用于设置描边的宽度，以像素点为单位。

◎ **"颜色"栏**：用于设置描边颜色。

◎ **"位置"栏**：选择描边的位置是选区内（居内）、选区上（居中）或选区外（居外）。

5. 案例——制作音乐海报

本例将利用图3-46所示的"背景.jpg"和"剪影素材.psd"文件制作音乐海报，涉及图像的移动、复制、粘贴和变形等操作。

素材\第3课课堂讲解\背景.jpg、剪影素材.psd
效果\第3课课堂讲解\音乐海报.psd

1）背景

2）剪影素材

图3-46 素材文件

❶ 启动Photoshop CS6，选择【文件】→【打开】命令，打开"打开"对话框。

❷ 在"查找范围"下拉列表框中选择文件所在位置，按住【Ctrl】键不放选择"背景.jpg"和"剪影素材.psd"，然后单击 打开(O) 按钮，如图3-47所示。

图3-47 打开文件

❸ 单击"剪影素材"图像的标题栏，在"图层"面板中显示该文件的相关图层内容。选择"图层1"，如图3-48所示，此时在图像窗口中的内容被选中。

图3-48 选择图层1

❹ 在图像编辑窗口中按住鼠标左键不放将该层的内容拖动到"素材"标题栏上，切换到"素材"图像窗口。将鼠标指针移至图像窗口中释放，即可将剪影拖入到该图像窗口中。

❺ 在该图像的图层中新建"图层1"以放置拖入的图像，在图像窗口中使用移动工具将该图像拖动到图像底部，如图3-49所示。

图3-49 移动图像

❻ 单击"剪影素材"标题栏，按住【Ctrl】键不放，在其"图层"面板中单击"图层2"图层的缩略图，该图层中的内容将被选区选中。

❼ 选择【编辑】→【拷贝】命令，切换到"背景"图像窗口，再选择【编辑】→【粘贴】命令，图像将粘贴到自动新建的"图层2"中。

❽ 按【Ctrl+T】组合键选中该图形，按住【Shift】键不放，将鼠标指针移至其定界框右下角，将该图像缩小至合适的大小，并使用移动工具将其移动到图像中间，如图3-50所示，按【Enter】键确认变换。

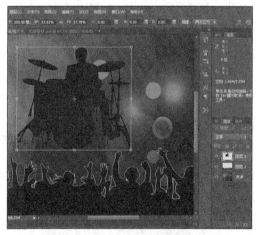

图3-50 复制粘贴图像

❾ 单击"剪影素材"标题栏，切换到该图像窗口，按住【Ctrl】键不放，在其"图层"面

板中单击"图层3"图层的缩略图,将该图层中的图像以选区选中。

❿ 按【Ctrl+C】组合键进行复制,再切换到"背景"图像窗口,按【Ctrl+V】组合键进行粘贴,图像将粘贴到自动新建的"图层3"图层中。

⓫ 按【Ctrl+T】组合键选中该图像,按住【Shift】键不放,调整定界框,将图形缩小,并使用移动工具移动到左侧的位置,如图3-51所示。

图3-51 复制并调整图形

⓬ 使用同样的方法将"剪影素材"文件"图层4"中的图像内容粘贴到"背景"图像窗口的"图层4"中,并调整其大小和位置,效果如图3-52所示。

图3-52 复制并调整图形

⓭ 单击"素材剪影"标题栏右侧的▨按钮,将其关闭。

⓮ 在"背景"文件的"图层"面板中,按住【Ctrl】键不放,单击"图层1"图标,创建选区,按【Delete】键删除选区内的图形。

⓯ 选择【编辑】→【描边】命令,打开"描边"对话框。

⓰ 在"描边"栏的"宽度"文本框中输入"3像素",单击"颜色"右侧的色块,如图3-53所示。

图3-53 设置描边宽度

⓱ 打开"拾色器(描边颜色)"对话框,设置颜色为绿色(R:0,G:255,B:0),单击 确定 按钮,如图3-54所示。

图3-54 设置描边颜色

⓲ 返回"描边"对话框,其他参数保持不变,单击 确定 按钮退出该对话框,效果如图3-55所示。

图3-55 描边"图层1"

⓳ 按【Ctrl+D】组合键取消选区。使用同样的

43

方法分别设置"图层2"、"图层3"、"图层4"中内容的选区，删除内容，并进行描边，效果如图3-56所示。

图3-56 设置其他图层中的内容

⑳ 选择【文件】→【存储为】命令，打开"存储为"对话框，在"保存在"下拉列表框中选择文件保存位置，在"文件名"下拉列表框中输入"音乐海报"，在"格式"下拉列表中选择PSD格式，单击 保存(S) 按钮，如图3-57所示。

图3-57 保存文件

㉑ 打开"Photoshop 格式选项"对话框，单击 确定 按钮即可。

试一试

在图像区域中绘制一幅图像，选择【编辑】→【变换】命令，在其子菜单中选择各种变换命令，分别对图像应用变形操作。

3.1.3 撤消与重做

在Photoshop中若对编辑操作的效果不满意，还可撤消操作之后重新编辑图像，若要重复某些操作，可通过相应的快捷键进行处理。下面具体讲解。

1. 使用撤消与重做命令

在编辑和处理图像的过程中，发现操作失误后应立即撤消误操作，然后再重新操作。可以通过下面几种方法来撤消误操作。

◎ 按【Ctrl+Z】组合键可以撤消最近一次进行的操作，再次按【Ctrl+Z】组合键又可以重做被撤消的操作；每按一次【Alt+Ctrl+Z】组合键可以向前撤消一步操作；每按一次【Shift+Ctrl+Z】组合键可以向后重做一步操作。

◎ 选择【编辑】→【还原】命令可以撤消最近一次进行的操作；撤消后选择【编辑】→【重做】命令又可恢复该步操作；每选择一次【编辑】→【后退一步】命令可以撤消最近的一步操作；每选择一次【编辑】→【前进一步】命令可以向后重做一步操作。

2. 恢复文件

选择【文件】→【恢复】命令，可以直接将文件恢复到最后一次保存时的状态。

3. 历史记录面板

在Photoshop中还可以使用"历史记录"面板恢复图像在某个阶段操作时的效果。选择【窗口】→【历史记录】命令，或在右侧的面板组中单击"历史记录"按钮即可打开"历史记录"面板，如图3-58所示。

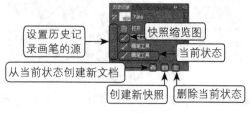

图3-58 历史记录

面板中各参数介绍如下。

◎ **"设置历史记录画笔的源"按钮**：使用历史记录画笔时，该图标所在的位置将作为历史画笔的源图像。

◎ **快照缩览图**：被记录为快照的图像状态。

◎ **当前状态**：将图像恢复到该命令的编辑状态。

◎ **"从当前状态创建新文档"按钮**：基于当前操作步骤中图像的状态创建一个新的文件。

◎ **"创建新快照"按钮**：基于当前的图像状态创建快照。

◎ **"删除当前状态"按钮**：选择一个操作步骤，单击该按钮可将该步骤及后面的操作删除。

4. 使用快照还原图像

"历史记录"面板默认只能保存20步操作，且若执行了许多相同的操作，在还原时没有办法区分哪一步操作是需要还原的状态。可通过以下两种方法解决该问题。

增加历史记录保存数量

选择【编辑】→【首选项】→【性能】命令，打开"首选项"对话框，在"历史记录状态"的数值框中可设置历史记录的保存数量，如图3-59所示。历史记录保存数量设置得越多，占用的内存也就越多。

图3-59 设置历史记录数量

设置快照

在将图像编辑到一定程度时，可单击"历史记录"面板中的"创建新快照"按钮，将画面当前的状态保存为一个快照，如图3-60所示。此后，无论再进行多少步操作，都可以通过单击快照将图像恢复为快照所记录的效果。

图3-60 保存的快照

在"历史记录"面板中单击选中一个快照，再单击该面板下方"删除当前状态"按钮，即可删除快照。

> 技巧：快照不会与文档一起保存，关闭文档后，会自动删除所有快照。

在"历史记录"面板中单击要创建为快照的状态的记录，然后按住【Alt】键不放单击"创建新快照"按钮，可打开如图3-61所示的"新建快照"对话框，在其中也可新建快照，并可设置快照选项，具体介绍如下。

图3-61 "新建快照"对话框

◎ **"名称"文本框**：可输入新建快照的名称。

◎ **"自"文本框**：可选择创建快照的内容。选择"全文档"选项，可将图像当前状态下的所有图层创建为快照；选择"合并的图层"选项，创建的快照会合并当前状态下图像中的所有图层；选择"当前图层"选项，只创建当前状态下所选图层的快照。

5. 创建非线性历史记录

当选择"历史记录"面板中的一个操作步骤来还原图像时，该步骤以下的步骤全部变暗，如图3-62所示。

图3-62 选择某一步

如果此时进行其他操作，则该步骤后面的

记录会被新操作代替，如图3-63所示。

非线性历史记录允许在更改选择的状态时保留后面的操作，如图3-64所示。

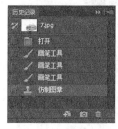 

图3-63 操作被代替 　　图3-64 允许非线性更改

在"历史记录"面板中单击 按钮，在打开的下拉菜单中选择"历史记录选项"命令，打开"历史记录选项"对话框。在其中勾选"允许非线性历史记录"复选框，即可将历史记录设置为非线性的状态，如图3-65所示。

图3-65 "历史记录选项"窗口

该对话框中各参数介绍如下。

◎ **"自动创建第一幅快照"复选框**：选中该复选框后，打开图像文件时，图像的初始状态自动创建为快照。

◎ **"存储时自动创建新快照"复选框**：选中该复选框后，在编辑的过程中，每保存一次文件，都会自动创建一个快照。

◎ **"默认显示新快照对话框"复选框**：选中该复选框后，强制Photoshop提示操作者输入快照名称，即使使用面板上的按钮时也是如此。

◎ **"使图层可见性更改可还原"复选框**：选中该复选框后，保存对图层可见性的更改。

3.1.4 操控变形

操控变形是在Photoshop CS5中新增的功能，它与变形网格类似，但功能更加强大。使用该功能可以在图像的关键点上放置图钉，然后通过拖动图钉对图像进行变形操作。

打开图像后，选择需要变形的图像所在的图层，然后选择【编辑】→【操控变形】命令，可在图像上显示变形网格，如图3-66所示。

图3-66 变形网格

此时，工具属性栏如图3-67所示，其中各选项介绍如下。

图3-67 操控变形属性栏

◎ **"模式"下拉列表框**：选择"刚性"选项，变形效果精确，但缺少柔和的过渡；选择"正常"选项，变形效果准确，过渡柔和；选择"扭曲"选项，可在变形的同时创建透视效果。

◎ **"浓度"下拉列表框**：选择"较少点"选项，网格点较少，相应地只能放置少量图钉，且图钉之间需要保持较大的间距；选择"正常"选项，网格数量适中；选择"较多点"选项，网格最细密，可以添加更多的图钉。

◎ **"扩展"下拉列表框**：用于设置变形效果的衰减范围。设置较大的像素值，变形网格的范围也会相应地向外扩展，且变形之后对象的边缘会更加平滑；设置的值越小，则图像边缘变化效果越生硬。

◎ **"显示网格"复选框**：选中该复选框后，将显示变形网格。

◎ **"图钉深度"按钮组**：选择一个图钉，单击 或 按钮，可将其向上层或下层移动一个堆叠顺序。

◎ **"旋转"下拉列表框**：选择"自动"选项，在拖动图钉扭曲图像时，Photoshop会自动对图像内容进行旋转；若要设定精确的旋转角度，可选择"固定"选项，然后在其右侧的文本框中输入旋转角度值。

◎ ↻⊘✓ 按钮组：单击"复位"按钮↻，可删除所有图钉，将网格恢复到变形前的状态；单击"撤消"按钮⊘或按下【Esc】键，可放弃变形操作；单击"应用"按钮✓或按下【Enter】键，可确认变形操作。

3.2 上机实战

本课上机实战将分别制作"希望"公益图像和"热气球"图像，综合练习本课所学的知识点。上机目标如下。

◎ 熟练掌握移动和变换图像的操作方法。

◎ 熟练掌握编辑图像的基本操作。

◎ 熟练掌握操控变形的使用方法。

建议上机学时：2学时。

3.2.1 合成"希望"公益图像

1. 实例目标

本例将在图3-68所示的背景图像上，结合素材文件中的草地和嫩芽，制作图3-69所示的"希望"图像，主要涉及移动图像、复制和粘贴图像、调整图像大小等操作。

图3-68 背景图像

图3-69 "希望"图像

2. 专业背景

公益广告是以为公众谋利益和提高福待遇为目的而设计的广告，它有明确的主题。公益广告的种类很多，包括禁烟、保护环境、义务献血等。本例制作的公益广告与爱护自然保护环境相关，在制作时应注意贴合自然的主题。

3. 操作思路

在掌握了一定的移动和复制等知识后便可开始设计与制作。根据上面的实例目标，本例的操作思路如图3-70所示。

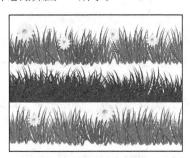

1）打开素材文件

2）将素材移动到背景文件中

图3-70 制作"希望"图像操作思路

素材\第3课\上机实战\背景.jpg、草.psd、
嫩芽.psd
效果\第3课\上机实战\希望.psd
演示\第3课合成"希望"图像.swf

❶ 启动Photoshop CS6，打开素材文件。

❷ 在"草"图像的"图层"面板中选中"图层
1"，将其拖动到"背景"图像中。

❸ 按【Ctrl+T】组合键，对该图层中的内容进
行缩放，以适应图像的大小，并移动其到合
适的位置。

❹ 再在"草"图像的"图层"面板中，按住
【Ctrl】键不放单击"图层2"的图标，为该
图层中的内容新建选区，然后按【Ctrl+C】
组合键复制选区中的内容。

❺ 切换到"背景"图像中，按【Ctrl+V】组合
键粘贴图像，使用"变换"功能对其进行调
整。

❻ 使用相同的方法，将"草"图像"图层3"中
的内容复制到"背景"图像中，并调整其位
置和大小。

❼ 将"嫩芽"图像"图层1"中的内容复制到
"背景"图像中并调整大小和位置。

❽ 关闭"草"图像和"嫩芽"图像，在"背
景"图像编辑窗口下，选择【文件】→【存
储为】命令。

❾ 在打开的"存储为"对话框中设置保存参
数，将图像以"希望"为名保存为PSD格式。

3.2.2 调整"热气球"图像

1. 实例目标

本例将调整图3-71所示图像中的热气球，
使其呈现如图3-72所示的效果，主要涉及移
动、旋转图像和操控变形等操作。

素材\第3课\上机实战\热气球.psd
效果\第3课\上机实战\热气球.psd
演示\第3课调整"热气球"图像.swf

图3-71 变形前的图像

图3-72 变形后的图像

2. 操作思路

在掌握了一定的移动图像、操控变形等知
识后便可开始设计与制作，根据上面的实例目
标，本例的操作思路如图3-73所示。

1）添加网格

2）添加图钉

3）操控变形

图3-73　制作"热气球"图像操作思路

❶ 启动Photoshop CS6，选择【文件】→【打开】命令，打开素材文件。

❷ 在"图层"面板中选择"图层1"，然后选择【编辑】→【操控变形】命令，为"图层1"中的热气球图像添加变形网格。

❸ 在工具属性栏的"浓度"下拉列表中选择

"较少点"选项，然后在网格的上端单击添加一个图钉，此时鼠标指针变为 ⚹ 形状。

❹ 继续在热气球左右两侧和下方添加图钉，一共添加5个图钉。

❺ 将鼠标指针移至图钉中心上，此时鼠标指针变为 ⚹ 形状，按住鼠标左键不放并拖动，调整图钉位置，同时带动网格进行调整，从而改变图形形状。

❻ 继续调整图钉，调整完成后按【Enter】键确认。按【Ctrl+T】组合键选择热气球，稍微旋转定界框，从而旋转图形。

❼ 旋转至合适位置后，按【Enter】键确认。选择【文件】→【存储为】命令，在打开的"存储为"对话框中设置保存参数，保存文件。

3.3　常见疑难解析

问："图像旋转"命令与"变换"命令有何区别？

答："图像旋转"命令用于旋转整幅图像。如果要旋转单个图层中的图像，则需使用【编辑】→【变换】菜单中的命令。如果要旋转选区，可选择【选择】→【变换选区】命令。

问：怎样小幅度移动图像？

答：使用移动工具选择要移动的对象，再使用键盘上的【↑】、【↓】、【←】和【→】4个方向键进行移动。每按一次方向键，可使对象移动1个像素的距离；按住【Shift】键不放，再按方向键，则可将图像每次移动10个像素的距离。

问："剪切"和"拷贝"之间有什么区别？为什么执行这两个操作之后，还要选择"粘贴"命令才能完成操作？

答：二者的区别是：选择"剪切"命令，源图像选区中的图像被删除；而选择"拷贝"命令，不会对源图像产生任何影响。无论使用"剪切"还是"拷贝"命令，都会将对象暂时保存在内存中，所以必须选择"粘贴"命令，才能将对象放在目标位置。

问：如果想要将一张平面图制作成包装盒效果，可使用什么方法来实现？

答：在Photoshop CS6中，使用变换命令可以对图像进行缩放、旋转、斜切、扭曲、翻转、透视等操作，因此，想要将平面图制作成包装盒效果，使用变换命令是最常用的方法之一。

问：如何为图像添加版权信息？

答：打开一个图像文件，选择【文件】→【文件简介】命令，打开以该文件名为名称的对话框，在其中单击不同的选项卡可查看相应选项卡下的数据信息。若要添加版权信息，则需要在"说明"选项卡的"版权状态"下拉列表中选择"版权所有"选项，然后在"版权公告"文本框中输入版权的相关信息，还可在"版权信息URL"文本框中输入相关的链接，如图3-74所示。

图3-74 添加版权信息

3.4 课后练习

（1）结合本课所学知识，打开素材文件中的"蜡烛.jpg"图像，改变图像的大小，并调整图像的方向，如图3-75所示。

 素材\第3课\课后练习\蜡烛.jpg   效果\第3课\课后练习\蜡烛.jpg
演示\第3课\调整"蜡烛"图像.swf

（2）在Photoshop中新建文档，打开素材文件，并将素材文件拖动到新建的文档中，调整其大小、位置、透视，并复制图片制作倒影（可利用橡皮擦工具擦除图片来制作倒影），如图3-76所示，然后保存文档并退出Photoshop CS6。

 素材\第3课\课后练习\图片1.jpg、图片2.jpg、图片3.jpg 效果\第3课\课后练习\立体图片.psd
演示\第3课\制作立体图片.swf

图3-75 改变图像大小和方向

图3-76 立体图片

第 4 课
创建和调整选区

学生：老师，常听别人说抠图，"抠图"究竟是什么意思？

老师：说到抠图，首先需要建立选区。

学生：选区又是什么呢？

老师：选区就是被框选住的区域。使用Photoshop CS6中的选区工具，可快速绘制各种各样的选区，从而把需要的区域框选住，然后对这个区域内的图像进行编辑。

学生：也就是说，在创建的选区里可以绘制图像，也可以编辑选区内的图像？

老师：对，在图形设计领域，选区工具是经常使用的一种工具，使用它不仅可绘制出丰富的图形，还可帮助设计师快速获得需要的素材。

学生：那就让我们开始吧！

学习目标

▶ 绘制固定形状的选区

▶ 自由绘制选区

▶ 快速获取选区

▶ 调整选区

4.1 课堂讲解

本课主要讲解选区的创建和调整，包括创建规则选区、快速获取图像选区、修改选区、变换选区、载入选区等操作。通过相关知识点的学习和两个案例的制作，应掌握各种选区工具和命令的应用，以及如何对选区做调整等操作。

4.1.1 创建选区

大多数的图像处理操作不是针对整幅图像，而是针对图像的某个部分，这时就需要建立选区来指明操作对象，这一过程就是建立选区的过程。建立选区的方法很多，如可以使用工具或命令来创建，应根据几何形状或像素颜色选择不同的工具。

1. 矩形选框工具

矩形选框工具主要用于创建外形为矩形的规则选区。矩形的长、宽可以根据需要任意控制，还可以创建具有固定长宽比的矩形选区。选择矩形选框工具▦后，在对应的属性栏中可以进行羽化、样式等设置，如图4-1所示。

图4-1 矩形选框工具属性栏

◎ ▦▦▦▦ **按钮组**：用于控制选区的创建方式，选择不同的按钮将进入不同的创建模式，单击▦表示创建新选区，单击▦表示添加到选区，单击▦表示从选区减去，单击▦表示与选区交叉。

◎ **"羽化"数值框**：通过该数值框可以在选区的边缘产生一个渐变过渡，达到柔化选区边缘的目地。羽化值的取值范围为0~255像素，数值越大，像素化的过渡边界就越宽，柔化效果也就越明显。

◎ **"样式"下拉列表框**：在其下拉列表中可以设置矩形选框的比例或尺寸，有"正常"、"固定比例"和"固定大小"3个选项。选择"固定比例"或"固定大小"时可激活"宽度"和"高度"文本框。

◎ **"消除锯齿"复选框**：用于消除选区的锯齿边缘，使用矩形选框工具▦时不能使用该选项。

◎ ▦调整边缘 …▦ **按钮**：单击该按钮，可以在打开的"调整边缘"对话框中定义边缘的半

径、对比度和羽化程度等，如图4-2所示，还可以对选区进行收缩和扩充，另外还有多种显示模式可选，如快速蒙版模式和蒙版模式等。

图4-2 "调整边缘"对话框

要绘制矩形选区应先在工具属性栏中设置好参数并将鼠标指针移动到图像窗口中，按住鼠标左键拖动即可建立矩形选区，如图4-3所示。在创建矩形选区时按住【Alt】键，则可创

建由中心开始绘制的选区，如图4-4所示。

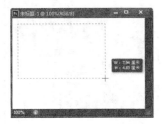

图4-3　从图像的一角拖动

图4-4　从图像中心拖动

> 技巧：如果要创建正方形选区可先按住
> 【Shift】键，然后按下鼠标左键并拖动
> 即可。

2. 椭圆选框工具

选择工具箱中的椭圆选框工具 ，然后在图像上按住鼠标左键不放并拖动，即可创建椭圆形选区，如图4-5所示。按住【Shift】键可以绘制出圆形选区，如图4-6所示。

图4-5　绘制椭圆形选区

图4-6　绘制圆形选区

3. 单行、单列选框工具

用户需要在Photoshop CS6中绘制表格式的多条平行线时，使用单行选框工具 和单列选框工具 会十分方便。在工具箱中选择单行选框工具 或单列选框工具 ，在图像上单击鼠标左键，即可创建一个宽度为1像素的行或列选区，如图4-7和图4-8所示。

图4-7　绘制单行选区

图4-8　绘制单列选区

4. 套索工具组

套索工具用于创建不规则选区。套索工具组主要包括套索工具 、多边形套索工具 和磁性套索工具 。在工具箱中的 按钮处单击鼠标右键，将弹出如图4-9所示的工具组下拉列表。

图4-9　套索工具组

其中各工具的作用如下。

◎ 套索工具：用于创建手绘类不规则选区。在工具箱中选取套索工具，在图像中按住鼠标左键并拖动鼠标，如图4-10所示，完成后释放鼠标按键，绘制的套索线将自动闭合成为选区，如图4-11所示。

图4-10　绘制选区

图4-11　绘制完后的选区

◎ 　多边形套索工具：使用多边形套索工具
可以选取比较精确的图形，该工具适用于边
界多为直线或边界曲折的复杂图形的选取。
先在图像中单击创建选区的起点，然后沿着
需要选取的图像区域移动鼠标指针，并在多
边形的转折点处单击，创建多边形的一个顶
点，如图4-12所示，当回到起点时，指针右
下角将出现一个小圆圈，此时单击左键即可
生成最终的选区，如图4-13所示。

图4-12　创建选区边

图4-13　多边形套索选区

注意：在使用多边形套索工具选取图像
时，按住【Shift】键，可按水平、垂直或
者45°方向创建线段；按【Delete】键，
可删除最近选取的一条线段。

◎ 　磁性套索工具：适用于在图像中沿图像
颜色反差较大的区域创建选区。单击磁性套
索工具 后，按住鼠标左键不放并沿图像
的轮廓拖动鼠标指针，系统自动捕捉图像中
对比度较大的图像边界并自动产生节点，如
图4-14所示，当到达起点时单击鼠标左键即
可完成选区的创建，如图4-15所示。

产生的节点

图4-14　磁性节点

图4-15　绘制完成的选区

技巧：在使用磁性套索工具创建选区的过程中，可能由于鼠标没有移动好而生成了一些多余的节点，此时可按【Backspace】键或【Delete】键删除最近创建的磁性节点，然后再从删除节点处继续绘制选区。

5. 魔棒工具

魔棒工具 用于选择图像中颜色相似的不规则区域。选择魔棒工具 ，然后在图像中的某个点单击，即可将图像中与该点附近颜色相同或相似的区域选取出来。

选择魔棒工具 后，工具属性栏如图4-16所示。

图4-16 魔棒工具属性栏

其中各选项含义如下。

◎ "容差"数值框：用于控制选定颜色的范围，值越大，颜色区域越广。

◎ "连续"复选框：选中该复选框，将只选择与单击点相连的同色区域，如图4-17所示；未选中该复选框时，整幅图像中符合要求的色域将全部选中，如图4-18所示。

图4-18 未选中"连续"复选框后的选区

◎ "对所有图层取样"复选框：当选中该复选框并在任意一个图层上应用魔棒工具 时，所有图层上与单击处颜色相似的地方都会被选中。

6. 快速选择工具

快速选择工具 是魔棒工具 的快捷版本，可以不用任何快捷键进行加选，其属性栏中也有新选区、添加到选区、从选区减去3种模式，如图4-19所示。

图4-17 选择"连续"复选框后的选区

图4-19 快速选择工具属性栏

对于颜色差异较大的图像来说，使用快速选择会非常直观、快捷。使用时按往鼠标左键不放可以像绘画一样选择区域，如图4-20所示。

7. "色彩范围"命令

"色彩范围"命令是从整幅图像中选取与指定颜色相似的像素，比魔棒工具 选取的区域更广。选择【选择】→【色彩范围】命令，打开"色彩范围"对话框，如图4-21所示。

图4-20 获取选区

图4-21 "色彩范围"对话框

◎ **"选择"下拉列表框**：用于选择图像中的各种颜色，也可通过图像的亮度选择图像中的高光、中间调和阴影部分。用户可用拾色器在图像中任意选择一种颜色，然后根据容差值来创建选区。

◎ **"颜色容差"数值框**：用于调整颜色容差值的大小。

◎ **"选区预览"下拉列表框**：用于设置预览框中的预览方式，包括"无"、"灰度"、"黑色杂边"、"白色杂边"和"快速蒙版"5种预览方式，用户可以根据需要自行选择。

◎ **"选择范围"单选项**：选中该单选项后，在预览区中将以灰度显示选择范围内的图像，白色区域表示被选择的区域，黑色表示未被选择的区域，灰色表示选择的区域为半透明。

◎ **"图像"单选项**：选中该单选项后，在预览区内将以原图像的方式显示图像的状态。

◎ **"反相"复选框**：选中该复选框后可实现预览图像窗口中选中区域与未选中区域之间的相互切换。

◎ **吸管工具组** ✐ ✐ ✐：✐工具用于在预览图像窗口中单击取样颜色，✐和✐工具分别用于增加和减少选择的颜色范围。

8. 案例——获取图像选区

在本案例中将为图4-22所示的"花朵"图像获取选区。制作该图像的关键是通过魔棒工具 ✦ 获取背景图像选区，然后使用"色彩范围"命令获取花瓣图像选区。

图4-22 "花朵"图像

素材\第4课\课堂讲解\花朵.jpg

❶ 打开"花朵.jpg"图像，选择工具箱中的魔棒工具 ✦ ，将其工具属性栏中的参数设置如图4-23所示。

图4-23 魔棒工具属性栏

❷ 在图像蓝色背景中的任意地方单击选择蓝色背景所在的区域，然后按【Shift+Ctrl+I】组合键将选区反向，如图4-24所示。

❸ 选择【选择】→【色彩范围】命令，打开【色彩范围】对话框，设置"颜色容差"为103，然后单击图像中的白色花瓣，如图4-25所示。

图4-24 反选选区

图4-25 取样颜色

❹ 单击对话框中的 按钮，如图4-26所示，在白色花瓣中灰色图像处单击，单击 确定 按钮获取花瓣图像选区，如图4-27所示。

图4-26 增加取样颜色

图4-27 获取图像选区

⏱ **想一想**

本案例在"色彩范围"对话框中使用了添加色彩范围的功能，如果选择 按钮单击图像，会有什么效果呢？

4.1.2 调整选区

第一次直接绘制的选区通常不能满足对图

像处理的要求。在绘制好选区后，经常需要对选区进行调整，如全选、取消、移动、修改、变换、存储和载入选区等。配合使用这些操作可使选区发挥意想不到的功能。

1. 全选和取消选择

在一幅图像中，如果要获取整幅图像的选区，可选择【选择】→【全部】命令或按【Ctrl＋A】组合键。选区应用完毕后应及时取消选区，否则以后的操作将始终只对选区内的图像有效。选择【选择】→【取消选择】命令或按【Ctrl+D】组合键即可取消选区。

> ❗ 技巧：选择【选择】→【反选】命令或按【Shift+Ctrl+I】组合键，可以选取图像中除选区以外的图像区域。该命令常配合选框工具、套索工具等选取工具使用，可对图像中复杂的区域进行间接选取。

2. 移动选区

在图像中创建选区后，将选框工具移动到选区内，按下鼠标左键并拖动，即可移动选区的位置，如图4-28所示。

图4-28 移动图像选区

3. 修改选区

当用户在图像中创建图像选取范围后，可以对选区进行扩大、缩小、扩展和平滑等修改操作。

✏️ **选择边界**

选择【选择】→【修改】→【边界】命令，打开"边界选区"对话框，如图4-29所示。

图4-29 “边界选区”对话框

在“宽度”数值框中输入数值，然后单击 确定 按钮即可在原选区边缘的基础上向内和向外扩展。图4-30所示为选择边界前的选区，图4-31所示为将“宽度”设置为4，即在边界的基础上向内和向外分别扩展2像素，并只选中边界的选区。

图4-30 选择边界前的选区

图4-31 选择边界后的选区

平滑选区

选择【选择】→【修改】→【平滑】命令，打开如图4-32所示的“平滑选区”对话框。在“取样半径”数值框中输入数值，可以使原选区范围变得连续而平滑。

图4-32 平滑选区

扩展选区

选择【选择】→【修改】→【扩展】命令，打开如图4-33所示的“扩展选区”对话框。在对话框中的“扩展量”数值框中输入数值，然后单击 确定 按钮即可将选区扩大。

图4-33 扩展选区

收缩选区

选择【选择】→【修改】→【收缩】命令，打开如图4-34所示“收缩选区”对话框。在“收缩量”数值框中输入数值，然后单击 确定 按钮即可将选区缩小。

图4-34 收缩选区

羽化选区

羽化是图像处理中经常用到的一种效果。羽化效果可以在选区和背景之间建立一条模糊的过渡边缘，使选区产生“晕开”的效果。选择【选择】→【修改】→【羽化】命令，打开“羽化选区”对话框，如图4-35所示，设置羽化半径，然后单击 确定 按钮即可产生羽化效果。

图4-35 羽化选区

羽化半径值越大，得到的选区边缘越平滑。图4-36和图4-37所示为绘制选区后，分别将羽化半径设置为15和30像素后的效果。

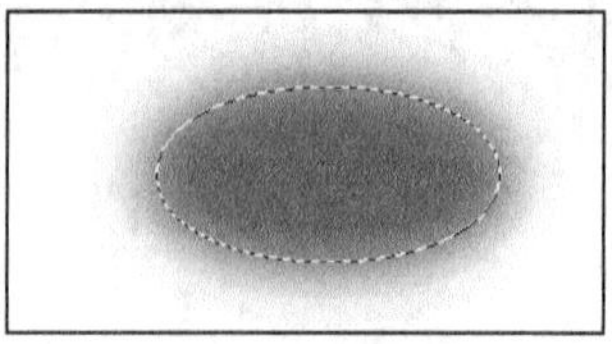

图4-36 羽化15像素

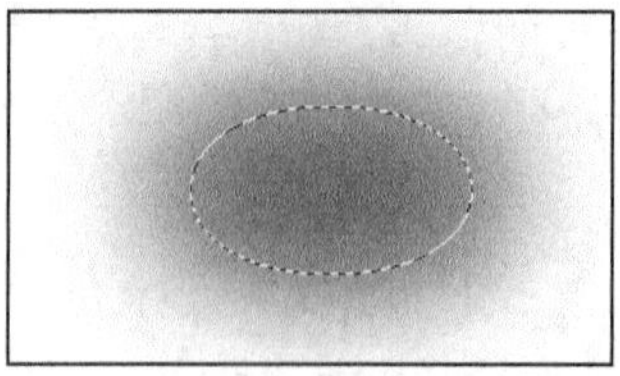

图4-37 羽化30像素

技巧：选择选区后，按【Shift+F6】组合键可以打开"羽化选区"对话框。

4. 变换选区

"变换选区"命令可以对选区实施自由变形，而不会影响到选区中的图像。绘制好选区后，选择【选择】→【变换选区】命令，选区的边框上将出现8个控制点，将鼠标指针移到控制点上，按住鼠标左键不放并拖曳控制点即可改变选区的大小，如图4-38所示。

图4-38　改变选区大小

当鼠标指针在选区外，指针将变为 形状时，按住鼠标左键不放并拖动可在任意方向上旋转选区，如图4-39所示。当鼠标指针在选区内时，鼠标指针将变为 形状，按住鼠标左键不放并拖动，可移动选区。

图4-39　旋转选区

调整完毕后，按下【Enter】键确定操作，按【Esc】键取消调整操作，并将选区恢复到调整前的状态。

5. 存储选区

对于创建好的选区，如果后面需要使用或需要在其他图像中使用，可以将其保存。选择【选择】→【存储选区】命令或在选区上单击鼠标右键，在弹出的快捷菜单中选择"存储选区"命令，打开"存储选区"对话框，如图4-40所示。

图4-40　"存储选区"对话框

"存储选区"对话框中各参数含义如下。

◎ **"文档"下拉列表框**：用于选择是在当前文档创建新的Alpha通道，还是创建新的文档，并将选区存储为新的Alpha通道。

◎ **"通道"下拉列表框**：用于设置保存选区的通道，在其下拉列表中显示了所有的Alpha通道和"新建"选项。

◎ **"操作"栏**：用于选择通道的处理方式，包括"新建通道"、"添加到通道"、"从通道中减去"和"与通道交叉"选项。

6. 载入选区

载入选区时，选择【选择】→【载入选区】命令，打开如图4-41所示的"载入选区"对话框。在"通道"下拉列表中选择存储选区时输入的通道名称，然后单击 确定 按钮即可载入该选区。

图4-41　"载入选区"对话框

7. 案例——添加画框

本案例将为图4-42所示的"荷花"图像添加艺术边框。制作该图像的关键是通过椭圆选框工具创建图像选区，然后羽化选区，对图像进行图案填充。

图4-42　"荷花"图像

素材\第4课\课堂讲解\荷花.jpg
效果\第4课\课堂讲解\荷花.jpg

❶ 打开"荷花.jpg"图像，选择工具箱中的椭圆选框工具 ，按住鼠标左键并拖动，在图像中绘制一个椭圆形选区，如图4-43所示。

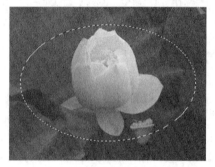

图4-43　绘制椭圆选区

❷ 选择【选择】→【修改】→【羽化】命令，打开"羽化选区"对话框，设置羽化半径为20，如图4-44所示，单击 确定 按钮。

图4-44　羽化选区

❸ 按【Shift＋Ctrl＋I】组合键反选选区，然后选择【编辑】→【填充】命令，打开"填充"对话框。在"使用"下拉列表中选择"图案"，并且在"自定图案"下拉列表中选择任意一种图案，单击 确定 按钮，如图4-45所示。

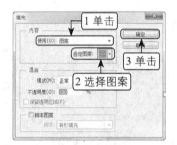

图3-45　选择图案

❹ 填充完成后按【Ctrl+D】组合键取消选区，得到最终的图像效果，如图4-46所示。

图4-46　添加边框效果

⏱ 试一试

使用其他选框工具，绘制其他形状的选区，然后进行不同的填充。

4.2 上机实战

本课上机实战将分别制作投影图像效果和太阳图像效果，综合练习本章学习的知识点，将学习到创建与编辑选区的具体操作。

上机目标如下。

◎ 熟练掌握选框工具的使用。

◎ 熟练掌握"羽化半径"对话框的使用。

◎ 理解并掌握选区的修改。

建议上机学时：2学时。

4.2.1 添加投影

1. 实例目标

本例将为图4-47所示的正方体制作投影效果，最终效果如图4-48所示。主要将通过创建选区、羽化选区的操作，得到投影的基本区域，然后再对选区填充颜色。

图4-47 正方体

图4-48 添加投影效果

2. 操作思路

在掌握了一定的选区操作知识后便可开始设计与制作了。根据上面的实例目标，本例的操作思路如图4-49所示。

素材\第4课\上机实战\正方体.psd
效果\第4课\上机实战\正方体.psd
演示\第4课\添加投影.swf

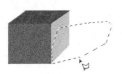

1）创建选区

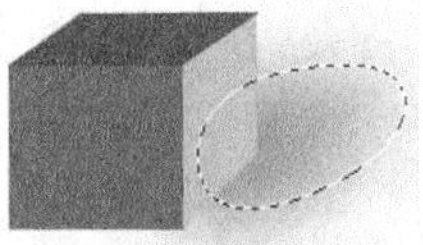

2）添加投影

图4-49 制作投影操作思路

❶ 打开"正方体.psd"图像文件，在"图层"面板中选中"背景"图层，然后单击"图层"面板底部的"创建新图层"按钮，在"背景"图层上新建一个图层。

❷ 选中新建的图层，在工具栏中选择多边形套索工具，在图像中绘制出正方体投影选区。

❸ 按【Shift+F6】组合键，打开"羽化选区"对话框，设置羽化半径值为20，单击 确定 按钮。

❹ 在工具栏中设置前景色为黑色，背景色为白色。选择渐变工具，在选区中做线性渐变填充，得到投影效果，按【Ctrl+D】组合键取消选区。

4.2.2 绘制太阳

1. 实例目标

本实例将为图4-50所示的图像添加太阳，完成后的参考效果如图4-51所示。本例主要在画面中通过绘制选区、羽化选区等操作，制作出太阳的效果。

图4-50 郊外图像

图4-51 添加太阳后的效果

2. 操作思路

了解和掌握了选框工具与各种调整选区操作后，根据上面的实例目标，本例的操作思路如图4-52所示。

1）创建选区进行羽化

2）进行颜色填充

图4-52　绘制太阳的操作思路

素材\第4课\上机实战\郊外.tif
效果\第4课\上机实战\郊外.psd
演示\第4课\绘制太阳.swf

❶ 打开"郊外.tif"图像文件，单击"图层"面板下的"新建图层"按钮 ，新建一个图层。

❷ 选中新建的图层，在工具箱中选择椭圆选框工具 ，按住【Shift】键不放在画面右上角空白位置绘制一个圆。

❸ 选择【选择】→【修改】→【羽化】命令，打开"羽化选区"对话框，将"羽化半径"设置为"5"，单击 确定 按钮。

❹ 在工具栏中双击前景色块，打开"拾色器（前景色）"窗口，在其中将颜色设置为橙色（R:255,G:192,B:0），单击 确定 按钮。

❺ 选择油漆桶工具 ，在选区中单击，填充选区。按【Ctrl+D】组合键取消选区。

❻ 使用同样的方法，再新建一个图层，并绘制一个较小的圆形选区，进行羽化并为其填充黄色（R:255,G:240,B:0）。

4.3　常见疑难解析

问：如何将矩形选区变成圆角矩形选区？

答：选择【选择】→【修改】→【平滑】命令，在打开的"平滑选区"对话框中设置边角半径后，单击 确定 按钮，即可将矩形选区变成圆角矩形选区。

问：在图像中创建选区后，如何移动选区而不移动选区内的图像呢？

答：使用选区工具，在属性栏选中"新选区"按钮的情况下，将鼠标指针移至选区内。当鼠标指针变为 形状时，即可按住鼠标左键移动选区，此时移动的只是选区。若使用移动工具移动选区，将鼠标指针移至选区内时，鼠标指针会变为 形状，此时按住鼠标左键并移动，则会连选区内的图案一起移动。

问：选区的存在很容易影响对图像的观察，能不能不取消选区，只是暂时隐藏选区？

答：按【Ctrl+H】组合键可暂时隐藏选区，再按一次，则重新显示选区。

问：在使用"色彩范围"命令对图像创建选区时，"色彩范围"对话框内的预览窗口太小，很难正确吸取颜色，有什么方法可以避免吗？

答：用吸管工具在狭小的预览框中的确很难吸取颜色，这时可在图像编辑区吸取颜色。如果图像编辑区内的图像显示太小，可先将图像放大，然后再吸取颜色。

问：在使用选区工具时，有什么方法能快速添加到选区或从选区减去？

答：在选择选区绘制工具并绘制了选区后，按住【Shift】键不放，再进行绘制，可直接添加到选区；在绘制选区后，按【Alt】键不放再进行绘制，可从选区减去。

问：能不能在一次操作中既绘制规则选区，又绘制不规则选区？

答：当然可以，只是在使用不同的选区工具绘制选区时按住【Shift】键即可。

4.4 课后练习

（1）打开本书光盘提供的"玫瑰"和"沙漏"图像文件，利用羽化选区和移动选区的操作将玫瑰移动到沙漏图像中，处理后的效果如图4-53所示。

先利用快速选择工具在"玫瑰"图像上创建椭圆选区，再使用"羽化"命令对选区进行羽化，然后将选区图像移动到"沙漏"图像中，最后通过变换调整图像大小。

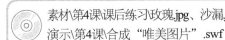

素材\第4课\课后练习\玫瑰.jpg、沙漏.jpg　　效果\第4课\课后练习\唯美图片.psd
演示\第4课\合成"唯美图片".swf

（2）打开本书光盘提供的"名片.psd"素材文件，利用选区的创建和编辑操作制作一张名片。要求使用椭圆选区工具绘制选区，通过载入选区使选区的位置固定，然后通过调整选区的大小，进行不同的填充。最后的参考效果如图4-54所示。

素材\第4课\课后练习\名片.psd　　效果\第4课\课后练习\名片.psd
演示\第4课\制作"名片"图像.swf

图4-53　梦幻图片

图4-54　名片

第5课
图像的绘制与修饰

学生：老师，在处理图像时可使用剪切工具剪切掉不需要的部分，但有时需要保留整幅图像，这种情况下应该怎么去除掉其中不需要的部分呢？

老师：在Photoshop的工具箱中，有很多可以修饰图像的工具，如修复画笔工具、修补工具、红眼工具等。

学生：那应该怎样使用这些工具呢？

老师：在使用这些工具前，需要了解不同工具的使用范畴，比如红眼工具可用于除去照片中的红眼。

学生：我明白了，每一个工具都有其特有的修饰功能，那我们开始吧！

学习目标

▶ 掌握画笔工具的使用

▶ 熟悉"画笔"面板的各项参数设置

▶ 了解历史记录画笔工具的使用

▶ 掌握相关图像修饰工具的使用

5.1 课堂讲解

本课主要讲解图像处理的基本应用操作——图像的绘制与编辑，包括基本图像的绘制、带艺术效果图形的绘制和图像的基本编辑等操作。

5.1.1 绘制图像

在Photoshop的工具箱中可选择画笔工具、铅笔工具绘图。

1. 画笔工具

画笔工具 用于创建比较柔和的线条。单击工具箱中画笔工具 ，可显示出画笔属性栏，如图5-1所示。通过属性栏可设置画笔的各种属性参数。

图5-1 画笔工具属性栏

其中各选项含义如下。

◎ **"画笔"下拉面板**：用于设置画笔笔头的大小和使用样式。单击 右侧的 按钮，打开如图5-2所示的画笔设置面板，在其中可以选择笔尖，设置画笔的大小和硬度参数。

图5-2 打开"画笔预设"选取器

◎ **"模式"下拉列表框**：用于设置画笔工具对当前图像中像素的作用形式，即当前使用的绘图颜色与原有底色之间进行混合的模式。

◎ **"不透明度"下拉列表框**：用于设置画笔颜色的透明度，数值越大，不透明度越高。单击其右侧的 按钮，在弹出滑动条上拖动滑块也可实现透明度的调整。

◎ **"流量"数值框**：用于设置绘制时颜色的压力程度，值越大，画笔笔触越浓。

◎ **"喷枪工具"按钮** ：单击该按钮可以启用喷枪工具进行绘图。

◎ **"绘图板压力"按钮** 和 ：分别单击这两个按钮，在数位板绘画时，光感压力可分别覆盖"画笔"面板中的不透明度和大小设置。

> 技巧：在使用画笔工具进行绘制时，按键盘上的【 [】键可将画笔调小，按【] 】键可将画笔调大；按键盘中的数字键还可调整画笔工具的不透明度，如按1，可将画笔不透明度设为10%。

2. 画笔面板

选择画笔工具 ，将前景色设置为所需的颜色，单击属性栏中的"切换画笔面板"按钮 ，可打开"画笔"面板，如图5-3所示。

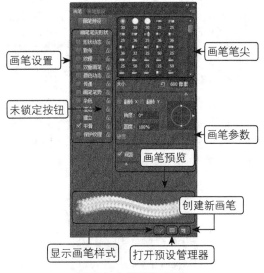

图5-3 "画笔"面板

在其中可设置选择画笔形状、设置画笔动态等参数，具体介绍如下。

◎ **画笔预设 按钮**：单击该按钮，可打开"画笔预设"面板。

◎ **画笔设置**：选中相关复选框，面板中会显示该选项的详细设置内容，用于改变画笔的角度、圆度、柔度，以及为其添加纹理、颜色动态等。

◎ **"锁定/未锁定"按钮**：当显示为锁定图标🔒时，表示当前画笔的笔尖形状属性为锁定状态，再次单击该按钮，当显示为🔓状态时，表示取消锁定。

◎ **画笔笔尖**：显示了Photoshop提供的预设画笔笔尖。四周呈框选状态表示该笔尖为选中的画笔笔尖。

◎ **画笔参数**：用于调整画笔的各种参数。

◎ **"显示画笔样式"按钮**🖌：使用毛刷笔尖时，在窗口中显示笔尖样式。

◎ **"打开预设管理器"按钮**🗔：单击该按钮，可以打开"预设管理器"窗口。

◎ **"创建新画笔"按钮**🗐：若对一个预设的画笔进行了调整，可单击该按钮，将其保存为一个新的预设画笔。

◎ **画笔预设**：实时显示当前画笔的形状动态。

> ⚠ 提示：选择【窗口】→【画笔】命令，或按【F5】键，也可打开"画笔"面板。

3. 画笔预设面板

"画笔预设"面板中提供了各种预设的画笔。预设画笔带有大小、形状和硬度等自定义的特性。选择【窗口】→【画笔预设】命令，即可打开"画笔预设"面板，如图5-4所示。

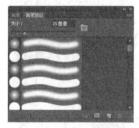

图5-4 "画笔预设"面板

在"画笔预设"面板中选择一个画笔后，可拖动"大小"滑块调整笔尖大小。单击"画

笔预设"面板右上角的🔳按钮，或单击"画笔"下拉面板右侧的❊按钮，可以打开如图5-5所示的面板菜单。在该菜单中可以选择面板的显示方式，以及载入的预设画笔库等。

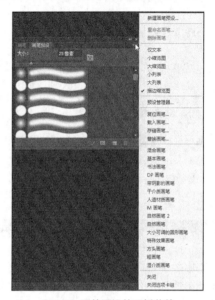

图5-5 画笔预设的面板菜单

部分命令介绍如下。

◎ **新建画笔预设**：用于创建新的画笔预设。

◎ **重命名画笔**：选择一个画笔后，可选择该命令重命名画笔。

◎ **删除画笔**：选择一个画笔后，可选择该命令将其删除。

◎ **仅文本/小缩览图/大缩览图/小列表/大列表/描边缩览图**：可设置画笔在面板中的显示方式。选择"仅文本"选项，只显示画笔的名称，如图5-6所示；选择"小缩览图"或"大缩览图"选项，只显示画笔的缩览图和画笔大小；选择"小列表"或"大列表"选项，则以列表的形式显示画笔的名称和缩览图；选择"描边缩览图"选项，可显示画笔的缩览图和使用时的预览效果。

◎ **预设管理器**：选择该命令可打开"预设管理器"窗口。

◎ **复位画笔**：当添加或删除了画笔之后，可选择该命令使面板恢复为默认的画笔状态。

图5-6 选择"仅文本"的效果

◎ **载入画笔**：选择该命令可以打开"载入"对话框，选择一个外部的画笔库可将其载入到"画笔"下拉面板和"画笔预设"面板中。图5-7所示为一些载入的画笔。

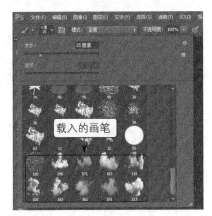

图5-7 载入的画笔

◎ **存储画笔**：可将面板中的画笔保存为一个画笔库。

◎ **替换画笔**：选择该命令可打开"载入"对话框，在该对话框中可选择一个画笔库来替换面板中的画笔。

◎ **画笔库**：菜单的这一部分中所列的是Photoshop提供的各种预设的画笔库。选择一个画笔库，如图5-8所示，在弹出的如图5-9所示的对话框中单击 确定 按钮，可以载入画笔并替换面板中原有的画笔，如图5-10所示。

提示：单击 添加(A) 按钮，可将载入的画笔添加到原有的画笔后，单击 取消 按钮可取消载入操作。

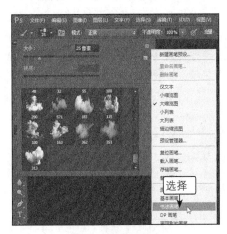

图5-8 选择画笔库

图5-9 单击"确认"按钮

图5-10 替换后的画笔面板

4. 铅笔工具

在工具箱的画笔工具 上单击鼠标右键，在弹出的画笔组中可选择铅笔工具 ，如图5-11所示。

图5-11 画笔工具组

使用铅笔工具 可绘制硬边的直线或曲线。它与画笔工具 的设置和使用方法完全相同，其工具属性栏如图5-12所示。

图5-12 "铅笔工具"属性栏

在属性栏中选中"自动抹除"复选框后，当开始拖动鼠标时，如果鼠标指针所在位置的中心在包含前景色的区域上，可将该区域涂抹成背景色，如图5-13所示；如果鼠标指针在不包含前景色的区域上，则可将该区域涂抹成前景色，如图5-14所示（这里前景色为白色，背景色为紫色）。

开始处为与前景色一样的白色

图5-13 涂抹成背景色

开始处不包含前景色

图5-14 涂抹成前景色

5. 历史记录画笔工具

历史记录画笔工具 能够依照"历史记录"面板中的快照和某个状态，将图像的局部或全部还原到以前的状态。该工具的属性栏与画笔工具类似，如图5-15所示。

图5-15 "历史记录画笔"工具属性栏

6. 案例——绘制水墨梅花

梅花树的枝条表面具有很大的不规则性，所以不能直接使用默认画笔样式来绘制，另外，水墨画中物体的边缘一般有湿边的效果，在绘制过程中应设置画笔具有湿边属性，效果如图5-16所示。

图5-16 水墨梅花

效果\第5课\课堂讲解\水墨梅花.psd

❶ 在Photoshop中，选择【文件】→【新建】命令，打开"新建"对话框，在其中设置如图5-17所示的参数，单击 确定 按钮，新建文档。

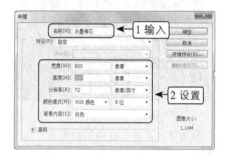

图5-17 输入参数

❷ 在工具箱中单击前景色色块，打开"拾色器（前景色）"对话框，将前景色设置为灰白色（R:240,G:243,B:234），单击 确定 按钮，如图5-18所示。

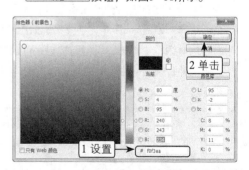

图5-18 设置前景色

❸ 按【Alt+Delete】组合键使用前景色填充图像。

❹ 单击工具箱中的前景色色块，在打开的对话框中将前景色设置为黑色，选择画笔工具 ✐，选择【窗口】→【画笔预设】命令。

❺ 单击面板右上角的按钮 ≡，在弹出的快捷菜单底部选择"湿介质画笔"命令，如图5-19所示。

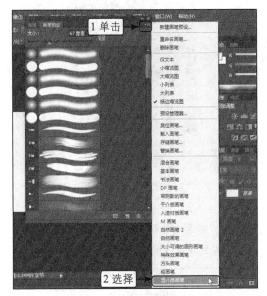

图5-19 选择画笔

❻ 在打开的提示对话框中单击 追加(A) 按钮，如图5-20所示，将该类画笔添加到面板中。

图5-20 单击"追加"按钮

❼ 单击"画笔"控制板右上角的按钮 ≡，在弹出的快捷菜单中选择"大列表"命令，改变画笔样式的显示状态，如图5-21所示。

图5-21 设置画笔显示状态

❽ 将"画笔预设"面板拖动到右侧的面板组中，然后在其中选择"深描水彩笔"样式，如图5-22所示，最后单击面板上的按钮 ▶▶。

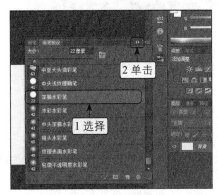

图5-22 选择画笔

❾ 在图像绘制区域绘制梅花树的枝条，并通过调节画笔大小，绘制不同粗细的枝条，如图5-23所示。

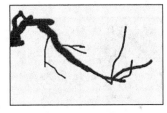

图5-23 绘制梅枝

❿ 继续使用当前画笔沿枝条边缘绘制一些细节，以突出枝条的苍颈感，如图5-24所示。

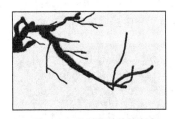

图5-24 完善梅枝的绘制

⓫ 设置前景色为灰色灰（R:107,G:108,B:102），在画笔工具的属性栏中设置画笔不透明度为30%，然后沿一些枝条进行涂抹，突出枝条的明暗关系，如图5-25所示。注意调节画笔大小。

⓬ 按照载入"湿介质画笔"的方法载入"自然画笔2"到"画笔预设"面板中，然后选择

"旋绕画笔60像素"画笔样式,如图5-26所示。

图5-25 绘制明暗

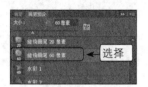

图5-26 选择画笔

⑬ 将前景色设置为红色(R:226,G:55,B:3),调整画笔大小,在梅枝上不同地方单击绘制不同大小的花瓣,在花瓣颜色较深的地方可多单击几次,如图5-27所示。

图5-27 绘制花朵

⑭ 按【F5】键打开"画笔"面板,在其中选择"柔角30"画笔样式,并将其主直径设置为2像素,如图5-28所示。

图5-28 选择画笔

⑮ 单击"形状动态"复选框将其选中,切换到对应的面板中,将画笔设置为渐隐模式,渐隐范围为25,如图5-29所示。

图5-29 设置

⑯ 将前景色设置为深红色(R:157,G:40,B:4),在工具属性栏中设置画笔的不透明度为80%,使用放大工具放大显示某个花瓣,然后拖动鼠标指针绘制4条渐隐线条,以得到花蕊效果,如图5-30所示。

图5-30 绘制渐隐线条

⑰ 继续在其他花瓣处绘制花蕊,如图5-31所示。

图5-31 绘制花蕊

⑱ 最后使用画笔在图像左下侧手动绘制"水墨

梅花"文字图像,得到本例的最终效果。

⏱ **试一试**

绘制梅花的方法多种多样,尝试使用不同的画笔工具进行绘制。

5.1.2 修饰图像

使用Photoshop CS6提供的图像修饰工具可将图像修饰得更加完美,更富艺术性。

1. 图章工具

图章工具组由仿制图章工具📷和图案图章工具📷组成。通过这些工具可以用颜色或图案来填充图像或选区,以得到图像的复制或替换。

✏ **仿制图章工具**

利用仿制图章工具📷可以将图像窗口中的局部图像或全部图像复制到其他的图像中。选择仿制图章工具📷,其工具属性栏如图5-32所示。部分选项介绍如下。

图5-32 "仿制图章工具"属性栏

◎ **"对齐"复选框**:选中该复选框,可连续对像素进行取样;不选中该复选框,则每单击一次鼠标按键,都会使用初始取样点中的样本像素进行绘制。

◎ **"样本"下拉列表框**:用于选择从指定的图层中进行数据取样。若要从当前图层及其下方的可见图层取样,应选择"当前和下方图层";若仅从当前图层中取样,可选择"当前图层";若要从所有可见图层中取样,可选择"所有图层";若要从调整图层以外的所有可见图层中取样,可选择"所有图层",然后单击选项右侧的"忽略调整图层"按钮📷。

◎ **"切换仿制源面板"按钮📷**:单击该按钮可打开"仿制源"面板。

按住【Alt】键在一幅图像中单击,获取取样点,如图5-33所示,然后在图像中的另一个区域单击并拖动,这时取样处的图像就被复制到该处,如图5-34所示。

图5-34 进行绘制

✏ **图案图章工具**

在工具箱中,使用鼠标右键单击仿制图章工具📷,在打开的工具组中可选择图案图章工具📷,如图5-35所示。

图5-35 选择图案图章工具

使用图案图章工具📷,可以将Photoshop CS6提供的图案或自定义的图案应用到图像中。其工具属性栏如图5-36所示,部分选项介绍如下。

◎ **"对齐"复选框**:选择该复选框后,可保持图案与原始起点的连续性,如图5-37所示;取消选择该复选框后,则每次单击鼠标都会重新应用图案,如图5-38所示。

图5-33 获取取样点

图5-36　图案图章工具属性栏

图5-37　选中"对齐"复选框

图5-38　未选中"对齐"复选框

◎ 下拉列表框：单击右侧的按钮，在打开的列表框中可以选择应用的图案样式。

◎ "印象派效果"复选框：选中该复选框时，绘制的图案具有印象派绘画的艺术效果。

2. 污点修复画笔工具

污点修复画笔工具可以快速移去图像中的污点和一些不需要的部分。该工具对应的工具属性栏如图5-39所示，相关选项含义如下。

图5-39　污点修复画笔工具属性栏

◎ "画笔"下拉列表：与画笔工具属性栏对应的选项一样，用于设置画笔的大小和样式等参数。

◎ "模式"下拉列表框：用于设置绘制后生成的图像与底色之间的混合模型。其中包含"替换"模式，选择该模式时，可保留画笔描边的边缘处的杂色、胶片颗粒和纹理。

◎ "类型"栏：用于设置修复图像区域过程中采用的修复类型。选中"近似匹配"单选项，可使用选区边缘周围的像素来查找要用作选定区域修补的图像区域；选中"创建纹理"单选项，将使用选区中的所有像素创建一个用于修复该区域的纹理，并使纹理与周围纹理相协调；选中"内容识别"单选项，

可使用选区周围的像素进行修复。

◎ "对所有图层取样"复选框：选中该复选框将从所有可见图层中对数据进行取样。

3. 修复画笔工具

在工具箱中，使用鼠标右键单击污点修复画笔工具，在打开的工具组中可选择修复画笔工具，如图5-40所示。

图5-40　选择修复画笔工具

修复画笔工具与仿制工具类似，可以利用图像或图案中的样本像素来绘画。不同之处在于修复画笔工具可以从被修饰区域的周围取样，并将样本的纹理、光照、透明度、阴影等与所修复的像素匹配，从而去除照片中的污点和划痕。其对应的工具属性栏如图5-41所示，相关选项含义如下。

图5-41　修复画笔工具属性栏

◎ "源"栏：设置用于修复像素的来源。选中"取样"单选项，则使用当前图像中定义的像素进行修复；选中"图案"单选项，则可从后面的下拉列表中选择预定义的图案对图像进行修复。

◎ "对齐"复选框：用于设置对齐像素的方式。

修复画笔工具的使用方法和仿制工具类似，具体操作如下。

❶ 按住【Alt】键在图像中的选定位置单击取样，确定要复制的参考点，如图5-42所示。

图5-42　获取取样点

❷ 在要被修复的图像区域单击并拖动，修复后的区域会与周围区域有机地融合在一起，如图5-43所示。

图5-43　进行绘制

4. 修补工具

在污点修复工具的工具组中可选择修补工具▧。修补工具▧也是一种相当实用的修复工具，其属性栏如图5-44所示，相关选项介绍如下。

图5-44　"修补工具"属性栏

◎ **选区创建方式**：单击"新选区"按钮▣，可以创建一个新的选区，若图像中已有选区，则绘制的新选区会替换原有的选区；单击"添加到选区"按钮▣，可在当前选区的基础上添加新的选区；单击"从选区减去"按钮▣，可在原选区中减去当前绘制的选区；单击"与选区交叉"按钮▣，可得到原选区与当前创建的选区相交的部分。

◎ **"修补"下拉列表框**：用于设置修补方式。

◎ **"源"单选项**：选择该单选项时，若将选区拖至要修补的区域，则会用当前选区中的图像修补原来选中的图像。

◎ **"目标"单选项**：选择该单选项时，则会将选中的图像复制到目标区域。

◎ **"透明"复选框**：选中该复选框后，可使修补的图像与原图像产生透明的叠加效果。

◎ **使用图案按钮**：在图案下拉面板中选择一个图案，单击该按钮，可使用图案修补选区内的图像。

使用修补工具的具体操作如下。

❶ 选择修补工具，在属性栏中单击选中"目标"单选项，在图像区域可以按住鼠标左键并拖动，框选将要修复的图像，获取选区，

如图5-45所示。

❷ 将其拖动到与修复区域大致一样的图像区域，如图5-46所示。

❸ 释放鼠标按键后将会自动进行修复，如图5-47所示。

图5-45　框选要修复的区域

图5-46　拖动到取样的区域

图5-47　修复结果

5. 内容感知移动工具

在污点修复工具的工具组中可选择内容感知移动工具▧。该工具是Photoshop CS6新增的工具，使用该工具可将选中的对象移动或扩展到图像的其他区域后，重组和混合对象，将选中的对象复制到图像的其他位置，并很好地和图像结合。它的工具属性栏如图5-48所示，部分选项介绍如下。

图5-48 内容感知移动工具属性栏

◎ **"模式"下拉列表框**：用于选择图像移动的方式，包括"移动"和"扩展"两个选项。

◎ **"适应"下拉列表框**：用于设置图像修复精度。

◎ **"对所有图层取样"复选框**：若文档中包含了多个图层，则选中该复选框后，可对所有图层中的图像进行取样。

❶ 使用该工具在要移动的图像周围绘制选区，如图5-49所示。

图5-49 绘制选区

❷ 将该图形拖动至目标位置，图5-50所示。

图5-50 移动内容

❸ 释放鼠标按键后软件将自动开始计算，结果如图5-51所示。

图5-51 移动结果

6. 红眼工具

红眼工具 可以置换图像中的特殊颜色，特别是针对照片人物中的红眼状况。该工具对

应的工具属性栏如图5-52所示，各选项含义如下。

图5-52 红眼工具属性栏

◎ **"瞳孔大小"数值框**：用于设置瞳孔（眼睛暗色的中心）的大小。

◎ **"变暗量"数值框**：用于设置瞳孔的暗度。

❶ 图5-53所示为有红眼的图片。选择红眼工具，将前景色设置为黑色。

图5-53 红眼图片

❷ 拖曳鼠标在图像上涂抹眼睛发红的部分，瞳孔颜色将恢复正常，如图5-54所示。

图5-54 修复红眼后的效果

> 技巧：红眼工具 在位图、索引或是多通道色彩模式的图像中将不能被使用。

7. 模糊工具

单击工具箱中的模糊工具 ，在图像需要模糊的区域单击鼠标左键并拖动鼠标，可进行模糊处理，其对应的工具属性栏如图5-55所示。其中"强度"数值框用于设置运用模糊工具时着色的力度，该值越大，模糊的效果就越明显，取值范围为1%~100%之间。

图5-55 模糊属性栏

图5-56所示为模糊处理前的效果，图5-57

所示为使用模糊工具进行处理后的效果。

图5-56　模糊前

图5-57　模糊处理后的效果

8. 锐化工具

使用鼠标右键在工具箱中单击模糊工具，在打开的工具组中可选择锐化工具。锐化工具与模糊工具相反，它通过增加颜色的强度，使得颜色柔和的边界或区域变得清晰、锐利，以增加图像的对比度，使图像变得更清晰。但是不能认为进行模糊操作的图像再经过锐化处理就能恢复到原始状态。

锐化工具的属性栏如图5-58所示，各选项与模糊工具的作用完全相同。

图5-58　锐化工具属性栏

> 提示：模糊和锐化工具适合处理小范围内的图像细节，若要对整个图像进行处理，可使用"模糊"和"锐化"滤镜。

对图5-56所示的图像进行锐化处理后的效果如图5-59所示。

图5-59　锐化处理后的效果

9. 涂抹工具

涂抹工具用于拾取单击鼠标起点处的颜色，并沿拖移的方向扩张颜色，从而模拟用手指在未干的画布上进行涂抹而产生的效果。其工具属性栏如图5-60所示，使用方法与模糊工具相同。

图5-60　涂抹工具属性栏

对如图5-61所示的图像使用涂抹工具进行涂抹，效果如图5-62所示。

图5-61　涂抹前

图5-62　涂抹后的效果

10. 减淡工具和加深工具

减淡工具 ![] 可通过提高图像的曝光度来提高涂抹区域的亮度。加深工具 ![] 的作用与减淡工具 ![] 相反，通过降低图像的曝光度来降低图像的亮度。图5-63所示为减淡工具的属性栏，相关参数介绍如下。

图5-63　减淡工具属性栏

◎ **"范围"下拉列表框**：用于选择要修改的色调。选择"阴影"可处理图像中的暗色调；选择"中间调"，可处理图像的中间调；选择"高光"，可处理图像的亮部色调。

◎ **"曝光度"数值框**：可为减淡工具或加深工具指定曝光度，值越高，效果越明显。

◎ **"喷枪"按钮 ![]**：单击该按钮，可为画笔开启喷枪功能。

◎ **"保护色调"复选框**：选择该复选框可保护图像的色调不受影响。

分别对如图5-64所示的图像进行减淡和加深处理，图5-65所示为使用减淡工具处理后的效果，图5-66所示为使用加深工具处理后的效果。

图5-64　原图

图5-65　减淡处理后的效果

图5-66　加深处理后的效果

11. 海绵工具

使用海绵工具 ![] 在图像中涂抹，可以精细地改变某一区域的色彩饱和度。其对应的工具属性栏如图5-67所示，各选项含义如下。

图5-67　海绵工具属性栏

◎ **"模式"下拉列表框**：用于设置是否增加或降低饱度度。当选择"降低饱和度"选项时，表示降低图像中的色彩饱和度；当选择"饱和"选项时，表示增加图像中的色彩饱和度。

◎ **"流量"数值框**：可设置海绵工具的流量，流量值越大，饱和度改变的效果越明显。

◎ **"自然饱和度"复选框**：选择该复选框后，在进行增加饱和度的操作时，可避免颜色过于饱和而出现溢色。

❶ 图5-68所示为处理前的图片。

❷ 选择海绵工具 ![]，在属性栏中设置画笔属性。

图5-68　原图

❸ 分别在模式为"降低饱和度"和"饱和"的情况下对图像进行涂抹，被涂抹后的图像效果分别如图5-69和图5-70所示。

图5-69 降低饱和度

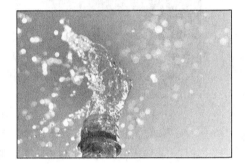

图5-70 饱和

12. 案例——制作公益广告

本实例对图5-71所示的香烟添加烟雾飘逸的图像效果，制作效果如图5-72所示。先使用画笔工具 ✐ 绘制出烟雾的基础轮廓，然后通过涂抹将其制作成飘逸的图像效果。

 素材\第5课\课堂讲解\公益广告.psd
效果\第5课\课堂讲解\公益广告.psd

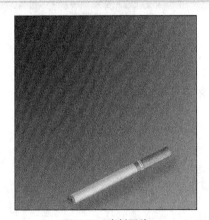

图5-71 素材图片

图5-72 制作效果

❶ 按【Ctrl+O】组合键，打开"打开"对话框，选择素材文件"公益广告.psd"，将其打开，如图5-73所示。

图5-73 打开文件

❷ 在图层面板中选中"图层1"，单击两次面板底部的"创建新图层"按钮 ✐，在"图层1"上新建"图层2"和"图层3"，如图5-74所示。

图5-74 新建图层

❸ 将前景色设为白色，选择工具箱中的画笔工具 ，在其属性面板中选择"柔边圆"画笔，并将不透明度设置为"31%"，如图5-75所示。

图5-75 设置画笔

❹ 单击"图层2"，调整画笔大小，在图像窗口中绘制白色的线条，如图5-76所示。

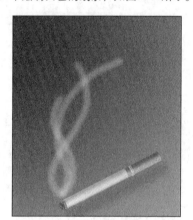

图5-76 绘制白色线条

❺ 单击"图层3"，调整画笔大小，在图像窗口中绘制如图5-77所示的图像。

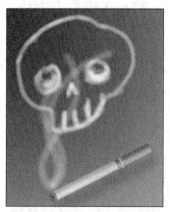

图5-77 绘制图像

❻ 选择工具箱中的涂抹工具 ，设置画笔大小为30，强度为100%，在"图层3"中进行涂抹，效果如图5-78所示。

图5-78 涂抹

❼ 单击"图层2"，使用涂抹工具 继续涂抹，涂抹至类似图5-79所示的效果，完成本实例的制作。

图5-79 涂抹"图层2"

❽ 继续在"图层2"和"图层3"中涂抹，直到效果满意为止，最后保存文档。

🕐 试一试

随意绘制一个图像，使用涂抹工具 对图像进行涂抹，分别调整不同大小的画笔的强度，看看有什么效果。

5.1.3 擦除图像

在使用绘画工具绘制图像时，还可使用擦

除工具将绘制错误的图像擦除。下面讲解如何擦除图像。

1. 橡皮擦工具

橡皮擦工具 主要用来擦除当前图像中的颜色。选择橡皮擦工具 后，可以在图像中拖动鼠标，根据画笔形状对图像进行擦除。注意，擦除后的图像将不可恢复。其工具属性栏如图5-80所示，相关选项含义如下。

![橡皮擦工具属性栏]

图5-80 橡皮擦工具属性栏

◎ **"模式"下拉列表框**：单击其右侧的三角按钮，在弹出的下拉列表中可以选择3种擦除模式，即"画笔"、"铅笔"和"块"。

◎ **"不透明度"下拉列表框**：用于设置工具的擦除强度。100%的不透明度可完全擦除像素，较低的不透明度将部分擦除像素。将"模式"设置为"块"时，不能使用该选项。

◎ **"流量"下拉列表框**：用于控制工具的涂抹速度。

◎ **"抹到历史记录"复选框**：其作用与历史记录画笔工具的作用相同。选中该复选框，在"历史记录"面板选择一个状态或快照，在擦除时，可将图像恢复为指定状态。

> ⚠ 技巧：选择橡皮擦工具后，按住【Alt】键不放，在图像中单击鼠标左键进行擦除，其效果与选中"抹到历史记录"复选框，然后进行擦除的效果一样。

2. 背景橡皮擦工具

与橡皮擦工具相比，使用背景橡皮擦工具 可以将图像擦除到透明色，其属性栏如图5-81所示，相关选项含义如下。

![背景橡皮擦工具属性栏]

图5-81 背景橡皮擦工具属性栏

◎ **"取样：连续"按钮** ：单击此按钮，在擦除图像过程中将连续地采集取样点。

◎ **"取样：一次"按钮** ：单击此按钮，将第一次单击处的颜色作为取样点。

◎ **"取样：背景色板"按钮** ：按下此按钮，将当前背景色作为取样色。

◎ **"限制"下拉列表框**：单击右侧的三角按钮 ，打开下拉列表。其中"不连续"选项指在整幅图像上擦除包含样本色彩的区域；"连续"选项指只被擦除连续的包含样本色彩的区域；"查找边缘"选项指自动查找与取样色彩区域连接的边界，能在擦除过程中更好地保持边缘的锐化效果。

◎ **"容差"数值框**：用于调整需要擦除的与取样点色彩相近的颜色范围。

◎ **"保护前景色"复选框**：选中该复选框，可以保护图像中与前景色匹配的区域不被擦除。

背景橡皮擦工具 有别于橡皮擦工具 ，其作用是可以擦除指定的颜色。使用背景橡皮擦对如图5-82所示的图像进行处理，得到的效果如图5-83所示。

图5-82 原图

图5-83 处理效果

3. 魔术橡皮擦工具

魔术橡皮擦工具 是一种根据像素颜色擦除图像的工具。用魔术橡皮擦工具 在图层中单击，所有相似颜色的区域都被擦掉而变成透

明的区域。其工具属性栏如图5-84所示，相关
选项含义如下。

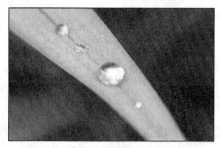

图5-84　魔术橡皮擦工具属性栏

◎　**"容差"数值框**：用于设置可擦除的颜色范
围。低容差会擦除颜色值与单击点像素非常接
近的像素，高容差可擦除范围更广的像素。

◎　**"消除锯齿"复选框**：选中该复选框，会使
擦除区域的边缘更加光滑。

◎　**"连续"复选框**：选中该复选框，则只擦除
与临近区域中颜色类似的部分，否则，会擦
除图像中所有颜色类似的区域。

◎　**"对所有图层取样"复选框**：选中该复选框，
可以利用所有可见图层中的组合数据来采集色
样，否则只采集当前图层的颜色信息。

◎　**"不透明度"数值框**：用于设置擦除强度。
100%的不透明度将完全擦除像素，较低的
不透明度可部分擦除像素。

对如图5-84所示的图像进行处理，选择魔

术橡皮擦工具，在属性栏中设置容差为50，
在图像中单击树叶图像，擦除图像后的效果如
图5-86所示。

图5-85　原图

图5-86　擦除后的效果

5.2 上机实战

本课上机实战的内容包括去除照片中的眼镜和改变对象位置，具体操作步骤请参考光盘中提供
的演示课件和动画演示。

上机目标如下。

◎　熟练掌握修复画笔工具的使用。

◎　结合多种修复图像工具对画面进行操作。

◎　熟练使用内容感知移动工具改变对象的位置。

建议上机学时：3学时

5.2.1　去除人物眼镜

1．操作要求

本例将去除照片中人物佩戴的眼镜。在制
作过程中首先使用图案图章工具去除镜框，然
后再通过修复画笔工具修复人物皮肤图像。
图5-87所示为原图像，图5-88所示为处理后的图
像。

图5-87　原图像

图5-88 处理后的图像

2. 专业背景

许多人在拍完照片后，常常发现需要对照片中的某一部分进行处理，如处理掉皱纹或者处理脸上的眼镜，从而使人物看起来更精神。使用本课所学的工具，即可实现这些效果。

3. 操作思路

根据上面的操作要求，本例的操作思路如图5-89所示。

1）进行取样

2）去除眼镜

3）修复皮肤

图5-89 去除眼镜图像的操作思路

> 素材\第5课\上机实战\人物.jpg
> 效果\第5课\上机实战\去除眼镜效果.psd
> 演示\第5课\去除人物眼镜.swf

❶ 打开"人物.jpg"图像文件，选择仿制图章工具 ，按住【Alt】键单击左侧镜框杆周围的皮肤图像，进行取样。

❷ 在镜框杆上单击鼠标左键，得到复制的图像，然后在需要去除图像的周围取样，再复制图像，去除镜框。

❸ 选择修复画笔工具 ，在眼睛周围单击皮肤取样，修复去除眼镜后不均匀的皮肤，完成眼镜的去除操作。

5.2.2 改变对象位置

1. 操作要求

本例要求对图5-90所示的图像进行调整，将其中的老虎从当前位置移动到另一个位置，效果如图5-91所示。通过本例的操作，应该熟练掌握使用内容感知移动工具 改变图像的方法，具体操作要求如下。

> 素材\第5课\上机实战\老虎.jpg
> 效果\第5课\上机实战\老虎.psd
> 演示\第5课\改变对象位置.swf

图5-90　原图

1）使用工具选择老虎

图5-91　移动后的图像

2）移动图像

图5-92　改变图像中的对象位置操作思路

2. 专业背景

在制作找茬类的游戏时，经常需要使用移动工具对图片进行处理，使图片达到以假乱真的效果，增强游戏的趣味性。

3. 操作思路

根据上面的操作要求，本例的操作思路如图5-92所示。

❶ 选择【文件】→【打开】命令，打开素材文件夹中的"老虎.jpg"图像。

❷ 在工具箱中选择内容感知移动工具 ✕，在图像中框选老虎图形。

❸ 单击选区内的图形，拖动改变其位置，然后释放鼠标按键，此时软件将自动计算移动后的内容。最后保存文档。

5.3　常见疑难解析

问：铅笔工具的主要用途有哪些？

答：用缩放工具放大铅笔工具绘制的图像时，可看到非常清晰的锯齿，使用铅笔工具可以绘制时下流行的像素画。

问：绘画与绘图一样吗？

答：在Photoshop中，绘画与绘图是两个不同的概念。绘画是绘制和编辑基于像素的位图图像，而绘图则是使用矢量工具创建和编辑矢量图形。本章介绍的铅笔工具和画笔工具，都是绘画工具。

问： 有些在网站上下载的图像会有网址、名称等信息，如何删除这些信息呢？

答： 方法有很多种：使用仿制图章工具对图像取样并复制到要去除的内容上；使用修补工具设置取样点修复图像；如果要去除的内容在图像边缘上，则可以用裁切工具把不要的地方裁切掉。

问： 选择画笔工具后，可以在属性栏中设置画笔参数，但为什么还要使用"画笔"面板设置绘图工具呢？

答： 因为在画笔工具属性栏中只能进行一些基本设置，而在"画笔"面板中则能设置更详细的参数，如形状动态、颜色动态等。

问： 使用画笔工具可以绘制出星光效果吗？怎样设置画笔面板中的参数呢？

答： 在"画笔"面板中有星光效果样式的笔触，用户可以选择星形、交叉排线以及星形放射画笔形状，然后设置合适的大小和散布状况等，即可在图像窗口中绘制不同的星光效果了。

问： 外出旅游回来后，将照片导入计算机后发现所拍的照片背景中总是有一些多余的图像，怎样去除呢？

答： 去除照片中多余图像的方法很多，可以根据具体的情况，选择修复工具组或仿制图章工具组来完成。必要时，还可以使用历史记录画笔工具来完成。

问： 使用模糊工具对图像进行模糊处理，与使用"滤镜"菜单中的"高斯模糊"命令有什么不同？

答： 模糊工具可以只对局部图像进行涂抹，从而模糊处理图像，而"高斯模糊"命令则是对整幅图像或选区内的图像进行模糊处理。

问： 使用图案图章工具时，属性栏中的图案可以进行自定义设置吗？

答： 可以。当绘制好一个图案后，选择【编辑】→【定义图案】命令，在打开的"图案名称"对话框中设置好名称，就可以在属性栏中的图案下拉列表框中找到该图案。

问： 使用仿制图章工具进行绘制时，鼠标指针中心的十字线有什么用处？

答： 使用仿制图章工具取样后进行绘制，在画面中会同时出现一个圆形指针〇和一个十字形指针十。圆形指针是正在涂抹的区域，而该区域中的内容则是从十字形指针所在位置的图像上复制而来的。在绘制时，两个指针始终保持相同的距离，通过观察十字形指针的位置，即可得知将要绘制出的图形。

5.4 课后练习

（1）根据本章所学知识，利用画笔工具在新建的文档中绘制水墨桃花，效果如图5-93所示。

效果\第5课\课后练习水墨桃花.psd
演示\第5课\绘制"水墨桃花".swf

图5-93　水墨桃花

（2）打开本书配套光盘提供的"广场照片"图像文件，将照片中多余的人物去除，处理后的原图与效果对比如图5-94所示。

提示：先使用修复工具修复人物图像区域，然后使用锐化工具、减淡工具和海绵工具进一步修饰照片图像，使照片颜色更加明亮、鲜艳。本练习可结合光盘中的视频演示进行学习。

素材\第5课\课后练习\广场照片.jpg　　效果\第5课\课后练习\修复照片.psd
演示\第5课\修复照片.swf

图5-94　调整和修饰照片前后对比

（3）使用画笔工具，在"画笔"面板中调整画笔的参数，然后通过建立不同的图层，在不同的图层中绘制水粉画，效果如图5-95所示。

提示：先载入"湿介质画笔"，选择合适的画笔，设置画笔参数，开始绘制植物轮廓，然后设置前景色并绘制花朵，最后更改前景色绘制昆虫，并为植物轮廓上色。

效果\第5课\课后练习\水粉画.psd
演示\第5课\绘制水粉画.swf

图5-95　水粉画

第6课
图层的初级应用

学生：老师，我发现很多软件里面都有图层这个概念，在Photoshop中图层有什么用呢？

老师：在Photoshop中图层全部存放在"图层"面板中，你可以把图层看作是一叠透明的纸，而我们对图层的操作类似于对这些纸做的操作。

学生：我明白了，在每一张纸上绘制不同的对象，然后将这些纸叠起来，就能构成一个完整的图像。

老师：对。在Photoshop中还可快速对图层中的对象进行复制、移动等操作，若对绘制的对象不满意，还可删掉图层重新再来。

学生：那我们就一起来学习吧！

学习目标

▶ 认识图层

▶ 熟悉"图层"面板的组成

▶ 掌握图层的创建、复制、移动与删除操作

▶ 掌握图层的链接、合并与排列操作

▶ 掌握图层的对齐与分布操作

6.1 课堂讲解

本课主要讲解图层的作用、"图层"面板、图层的类型、创建图层、管理图层，以及如何对图层进行新建、复制、删除、链接和合并等操作等知识。

6.1.1 认识图层

图层是Photoshop中最重要的功能之一，对图像的编辑基本上都是在不同的图层中完成的。本节将通过具体的讲解使读者对图层有一个较全面的认识。

1. 图层简介

用Photoshop制作的作品往往由多个图层合成，Photoshop可以将图像的每一个部分置于不同的图层中，由这些图层叠放在一起形成完整的图像效果。用户可以独立地对每一个图层中的图像内容进行编辑、修改和效果处理等操作，而对其他层没有任何影响。

2. "图层"面板

在Photoshop CS6中，对图层的操作可通过"图层"面板和"图层"菜单来实现。选择【窗口】→【图层】命令，打开"图层"面板，如图6-1所示。

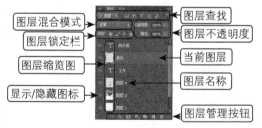

图6-1 "图层"面板

> 提示：在编辑图层前，需要在"图层"面板中单击所需图层，被选中的图层称为"当前图层"。

"图层"面板中列出了图像中所有的图层，用于创建、编辑和管理图层，以及为图层添加图层样式。面板中常用按钮的作用介绍如下。

◎ **图层混合模式**：设置图层与其下图层的色彩叠加方式，以产生不同的混合效果。

◎ **图层锁定栏**：用于选择图层的锁定方式，其中包括"锁定透明像素"按钮図、"锁定图像像素"按钮✔、"锁定位置"按钮✚和"锁定全部"按钮🔒。

◎ **显示/隐藏图标**：单击该图标可在图像中显示或隐藏该图层中的内容。

◎ **图层查找**：可通过图层类型或名称快速查找图层。

◎ **不透明度**：设置图层内容的透明显示效果，范围为0~100%

◎ **"填充"数值框**：用于设置图层填充部分的不透明度。

◎ **"链接图层"按钮**🔗：用于链接两个或两个以上的图层。链接图层可同时进行缩放、透视等变换操作。

◎ **"添加图层样式"按钮**𝑓𝑥：用于选择和设置图层的样式。

◎ **"添加图层蒙版"按钮**◻：单击该按钮，可为图层添加蒙版。

◎ **"创建新的填充和调整图层"按钮**◑：用于在图层上创建新的填充和调整图层，其作用是调整当前图层下所有图层的色调效果。

◎ **"创建新组"按钮**📁：单击该按钮，可以创建新的图层组。图层组用于将多个图层放置在一起，以方便用户的查找和编辑操作。

◎ **"创建新图层"按钮**📄：用于创建一个新的空白图层。

◎ **"删除图层"按钮**🗑：用于删除当前选取的图层。

3. 图层类型

Photoshop CS6中常用的图层类型包括以下5种。

◎ **普通图层**：普通图层是最基本的图层类型，相当于一张透明纸。

◎ **背景图层**：Photoshop中的背景图层相当于绘图时最下层不透明的画纸。在Photoshop软件中，一幅图像只能有一个背景图层。背景图层无法与其他图层交换堆叠次序，但背景图层可以与普通图层相互转换。

◎ **文本图层**：使用文本工具在图像中创建文字后，软件自动新建一个图层。文本图层主要用于编辑文字的内容、属性和取向。文本图层可以进行移动、调整堆叠、复制等操作，但大多数编辑工具和命令不能在文本图层中使用。要使用这些工具和命令，首先要将文本图层转换成普通图层。

◎ **调整图层**：调整图层可以调节其下所有图层中图像的色调、亮度、饱和度等，单击"图层"面板下的 按钮，在打开的菜单中即可选择。

◎ **效果图层**：当为图层添加图层样式后，在"图层"面板上该图层右侧将出现一个样式图标 ，表示该图层添加了样式。

除此之外，在"图层"面板中还可添加一些其他类型的图层，具体介绍如下。

◎ **链接图层**：保持链接状态的多个图层。

◎ **剪贴蒙版**：蒙版中的一种，可使用一个图层中的图像控制其上面多个图层的显示范围。

◎ **智能对象**：包含有智能对象的图层。

◎ **填充图层**：填充了纯色、渐变或图案的特殊图层。

◎ **图层蒙版图层**：添加了图层蒙版的图层，蒙版可以控制图像的显示范围。

◎ **矢量蒙版图层**：添加了矢量形状的蒙版图层。

◎ **图层组**：以文件夹的形式组织和管理图层，以便查找和编辑图层。

◎ **变形文字图层**：进行了变形处理后的文字图层。

◎ **视频图层**：包含视频文件帧的图层。

◎ **3D图层**：包含3D文件或置入的3D文件的图层。

6.1.2 创建图层

在Photoshop中可使用多种方式创建图层，下面讲解常用图层的创建方法。

1. 新建普通图层

新建普通图层是指在当前图像文件中创建新的空白图层，新建的图层将位于当前图层的上方。用户可通过以下几种方法进行创建普通图层。

◎ 选择【图层】→【新建】→【图层】命令，在打开的如图6-2所示的"新建图层"对话框中，设置层的名称、颜色、模式和不透明度，然后单击 确定 按钮，得到新建图层，如图6-3所示。

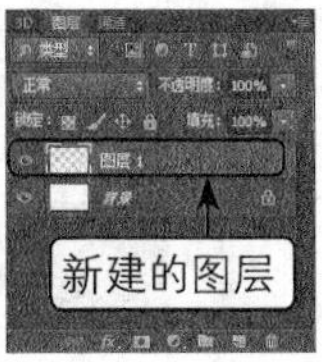

图6-2　新建图层　　　图6-3　新建的图层

◎ 单击"图层"面板底部的"创建新图层"按钮 ，即可新建一个普通图层。

2. 新建文字图层

当用户在图像中输入文字后，"图层"面板中将自动新建一个相应的文字图层。具体的方法是在工具箱的文字工具组中选择一种文字工具，如图6-4所示，然后在图像中单击定位插入点，输入文字后即可得到一个文字图层，如图6-5所示。

图6-4　文字工具组

图6-5　文字图层

3. 新建形状图层

在工具箱的形状工具组中选择一个形状工具，如图6-6所示。在其工具属性栏中设置工具的模式为"形状"，如图6-7所示，再在图像中绘制形状，这时"图层"面板中将自动创建一个形状图层。图6-8所示为使用矩形工具 绘制图形后创建的形状图层。

图6-6 形状工具组

图6-7 形状图层

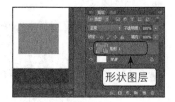

图6-8 形状图层

🕐 **想一想**

如果工具属性栏中的模式为"路径"或"像素","图层"面板中会有什么变化呢？

4. 新建填充图层

Photoshop CS6中有3种填充图层，分别是纯色、渐变和图案。选择【图层】→【新建填充图层】命令，在子菜单中选择相应的命令即可打开"新建图层"对话框，如图6-9所示。

图6-9 "新建图层"对话框

⚠️ 技巧：若在图像中创建了选区，选择【图层】→【新建】→【通过拷贝的图层】命令，或按【Ctrl+J】组合键，可将选区内的图像复制到一个新的图层中，原图层中的内容保持不变。若没有创建选区，则执行该命令时会将当前图层中的内容复制到新图层中。

5. 案例——为图像添加柔和日光

在学习了相关新建图层的方法后，可通过创建特殊的图层对图像进行编辑。下面将在"玫瑰.jpg"图像中新建一个渐变图层，使其出现柔光效果，如图6-10所示。

图6-10 图像效果

💿 素材\第6课\课堂讲解\玫瑰.jpg
效果\第6课\课堂讲解\玫瑰.psd

❶ 在Photoshop中打开"玫瑰.jpg"图像，在工具栏中单击前景色色块，打开"拾色器（前景色）"对话框，将前景设为嫩黄色为（R:255,G:249,B:157），单击"确定"按钮，如图6-11所示。

图6-11 设置前景色

❷ 选择【图层】→【新建填充图层】→【渐变】命令，打开"新建图层"对话框，在"名称"文本框中可输入新建图层的名称，这里保持默认设置，单击 确定 按钮，如图6-12所示。

图6-12 新建图层

❸ 打开"渐变填充"对话框，在"渐变"下拉列表框中选择渐变颜色为"前景到透明"，

在"角度"数值框中输入"-45",在"缩放"数值框中输入"130",单击 确定 按钮,如图6-13所示。

1 选择　　　　　　3 单击
　　　　　　　　2 输入

图6-13　设置渐变参数

❹ 应用渐变填充,同时生成填充图层,这时"图层"面板中也将出现一个填充图层,如图6-14所示。

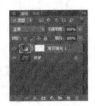

图6-14　填充图层

⏱ **试一试**

在"渐变填充"窗口中设置不同的填充样式和角度,看能制作什么效果的填充?

❗ 技巧:创建文字、形状和填充图层后,选择【图层】→【栅格化】→【文字】或【形状】命令,或在该层上单击鼠标右键,在弹出的快捷菜单中选择栅格化命令,即可将这些类型的图层转换为普通图层。

6.1.3　管理图层

在编辑图像的过程中,需要对添加的图层进行管理,如调整图层的顺序、进行链接,以及分组等,从而方便用户处理图像。下面讲解如何管理图层。

1. 复制与删除图层

复制图层的方法有许多种,此处主要介绍以下两种。

✏ **在"图层"面板中复制**

在"图层"面板中选择需要复制的图层,按

住鼠标左键将其拖曳到"图层"面板底部的"创建新图层"按钮 ⬜ 上,释放鼠标按键,即可在该图层上复制一个图层副本,如图6-15所示。

图6-15　在"图层"面板中复制

✏ **通过命令复制**

选择一个图层,然后选择【图层】→【复制图层】命令,打开如图6-16所示的"复制图层"对话框,输入图层名称并设置选项,然后单击 确定 按钮,即可复制图层。

图6-16　"复制图层"对话框

❗ 技巧:选择要复制的图层,然后按【Ctrl+J】组合键,也可复制图层。

若要删除不符合要求的图层,只须将其拖到"图层"面板底部的"删除图层"按钮 🗑 上,或直接按【Delete】键即可。

2. 合并与盖印图层

图层本身以及图层样式的使用都会占用计算机资源,合并相同属性的图层或者删除多余的图层能减小文件的大小,同时便于管理。

✏ **合并图层**

合并图层的操作主要有以下几种。

◎ **合并图层**:在"图层"面板中选择两个以上要合并的图层,选择【图层】→【合并图层】命令或按【Ctrl+E】组合键。

◎ **合并可见图层**:选择【图层】→【合并可见图层】命令,或按【Shift+Ctrl+E】组合键，可将"图层"面板中所有可见图层进行合并，不合并隐藏的图层。

◎ **拼合图像**：选择【图层】→【拼合图像】命令，可将"图层"面板中所有可见图层进行合并，并弹出对话框询问是否丢弃隐藏的图层，并以白色填充所有透明区域。

> ⚠️ 技巧：选择要合并的图层后，单击鼠标右键，在弹出的快捷菜单中也可选择相关的合并图层命令。

✏️ **盖印图层**

盖印图层是比较特殊的图层合并方法，它可将多个图层的内容合并到一个新的图层中，同时保留原来的图层不变。盖印图层分为以下几种。

◎ **向下盖印**：选择一个图层，按【Ctrl+Alt+E】组合键，可将该图层盖印到下面的图层中，原图层保持不变，如图6-17所示。

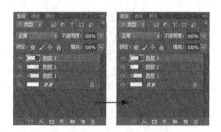

图6-17　向下盖印

◎ **盖印多个图层**：选择多个图层，按【Ctrl+Alt+E】组合键，可将它们盖印到一个新的图层中，原图层中的内容保持不变，如图6-18所示。

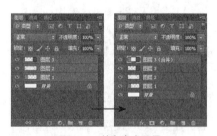

图6-18　盖印多个图层

◎ **盖印可见图层**：按【Shift+Ctrl+Alt+E】组合键，可将所有可见图层中的图像盖印到一个新的图层中，原图层保持不变。

◎ **盖印图层组**：选择图层组，按【Ctrl+Alt+E】组合键，可将图中的所有图层的内容盖印到一个新的图层中，原图层组保持不变。

3. 改变图层排列顺序

在"图层"面板中，图层按创建的先后顺序堆叠在一起。改变图层的排列顺序即为改变图层的堆叠顺序。图层的叠放顺序不同会直接影响图像的显示效果，上面图层中的内容会遮盖下面图层的内容。

✏️ **调整图层的堆叠顺序**

单击要移动的图层，选择【图层】→【排列】命令，从打开的子菜单中选择需要的命令即可移动图层，如图6-19所示。

图6-19　排序命令

◎ **置为顶层**：将当前正在编辑的活动图层移动到最顶部。

◎ **前移一层**：将当前正在编辑的活动图层向上移动一层。

◎ **后移一层**：将当前正在编辑的活动图层向下移动一层。

◎ **置为底层**：将当前正在编辑的活动图层移动到最底部。

> ⚠️ 提示：使用鼠标直接在"图层"面板中拖动图层也可改变图层的顺序。如果选择的图层在图层组中，则在选择"置为顶层"或"置为底层"命令时，会将图层调整到当前图层组的最顶层或最底层。

4. 对齐与分布图层

在Photoshop中可通过对齐与分布图层，快速调整图层内容。

✏️ **对齐图层**

若要将多个图层中的图像内容对齐，可以利用【Shift】键，在"图层"面板中选中需要对齐的图层，然后选中【图层】→【对齐】命令，在其子菜单中选择一个对齐命令进行对齐，如图6-20所示。如果所选图层与其他图层链接，则可以对齐与之链接的所有图层。

图6-20　图层对齐命令

分布图层

若要让3个或更多的图层根据一定的规律均匀分布，可选择这些图层，然后选择【图层】→【分布】命令，在其子菜单中选择相应的分布命令，如图6-21所示。

图6-21　图层分布命令

将选区与图层对齐

在画面中创建选区后，选择一个包含图像的图层，如图6-22所示，选择【图层】→【将图层与选区对齐】命令，在其子菜单中选择相应的对齐命令，如图6-23所示，可基于选区对齐所选图层，如图6-24所示。

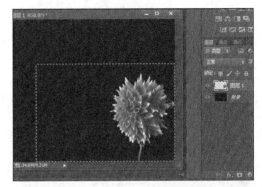

图6-22　绘制选区并选择图层

图6-23　对齐命令

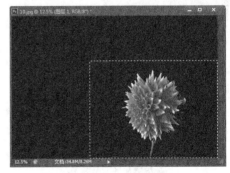

图6-24　对齐效果

5. 链接图层

若要同时处理多个图层中的图像，如同时变换、调整颜色、设置滤镜等，可将这些图层链接在一起再进行操作。

在"图层"面板中选择两个或多个需要处理的图层，单击面板中的"链接图层"按钮，或选择【图层】→【链接图层】命令，即可将其链接，如图6-25所示。若要取消链接，可选择一个图层，然后单击 按钮。

图6-25　链接图层

> 技巧：按住【Ctrl】键不放，依次单击图层，可选择不相邻的图层；按住【Shift】键不放，单击要选择的第一个图层和最后一个图层，可将这两个图层以及中间的所有图层选中。

6. 修改图层的名称和颜色

在图层数量较多的文件中，可在"图层"面板中对各个图层命名，或设置区别于其他图层的颜色，以便能快速找到需要的图层。

修改图层名称

选择需要修改名称的图层，然后选择【图层】→【重命名图层】命令，或直接双击该图层的名称，如图6-26所示，使其呈可编辑状态，最后在其中输入新的图层名称，如图6-27所示。

图6-26　双击图层名称

图6-27　输入新的名称

修改图层颜色

选择要修改颜色的图层，单击鼠标右键，在弹出的快捷菜单中选择一种颜色，如图6-28所示，修改颜色后的效果如图6-29所示。

图6-28　选择颜色

图6-29　设置效果

7. 锁定、显示与隐藏图层

在"图层"面板中可对图层执行锁定、显示以及隐藏操作，以方便处理图层中的内容，或保护其中的内容不被更改。

锁定图层

锁定图层可防止该图层中的内容被更改。在"图层"面板中有4个选项用于设置图层内容的锁定。

◎ **"锁定透明像素"按钮** ：单击该按钮，则当前图层上原本透明的部分被保护起来，不允许被编辑，后面的所有操作只对不透明图像起作用。

◎ **"锁定图像像素"按钮** ：单击该按钮，则当前图层被锁定，不管是透明区域还是图像区域都不允许填色或进行色彩编辑。此时，如果将绘图工具移动到图像窗口上会出现 图标。该功能对背景层无效。

◎ **"锁定位置"按钮** ：单击该按钮，则当前图层的变形编辑将被锁住，使图层上的图像不允许被移动或进行各种变形编辑，但仍然可以对该图层进行填充、描边等操作。

◎ **"锁定全部"按钮**：单击该按钮，则当前图层的所有编辑操作都将被锁住，不允许对图层上的图像进行任何操作。此时只能改变图层的叠放顺序。

显示与隐藏图层

单击"图层"面板前方的眼睛图标，可隐藏"图层"面板中的图像，如图6-30所示。再次在该位置上单击可显示"图层"面板中的图像。

图6-30 单击隐藏图层

8. 使用图层组管理图层

当图层的数量越来越多时，可创建图层组来进行管理。创建图层组是指将同一属性的图层归类，从而能够方便快捷地找到需要的图层。图层组以文件夹的形式显示，可以像普通图层一样执行移动、复制、链接等操作。

创建图层组

选择【图层】→【新建】→【组】命令，打开"新建组"对话框，如图6-31所示。在该对话框中可以分别设置图层组的名称、颜色、模式和不透明度。设置完成后单击 确定 按钮，即可在面板上创建一个空白的图层组。

图6-31 "新建组"对话框

另外，在"图层"面板中单击面板底部的"创建新组"按钮，也可创建一个图层组，如图6-32所示。

图6-32 创建的新组

> 提示：图层组的默认模式为"穿透"，表示图层组不产生混合效果。若选择其他模式，则组中的图层将以该组的混合模式与下面的图层混合。

选中创建的图层组，此时单击面板底部的"创建新图层"按钮，创建的新图层将位于该组中，如图6-33所示。

图6-33 创建的新的图层

从所选图层创建图层组

若要将多个图层创建在一个组内，可先选择这些图层，然后选择【图层】→【图层编组】命令，或按【Ctrl+G】组合键，效果如图6-34所示。编组后，可单击组前的三角图标按钮展开或者收缩图层组，如图6-35所示。

图6-34 编组

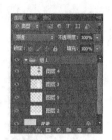

图6-35 展开图层组

 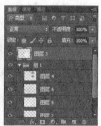

图6-38 移出图层组

若要取消图层编组，可以选择该图层组，然后选择【图层】→【取消图层编组】命令，或按【Shift+Ctrl+G】组合键。

> 提示：选择图层后，选择【图层】→【新建】→【从图层建立组】命令，打开"从图层新建组"对话框，设置图层组的名称、颜色和模式等属性，可将新图层创建在设置了特定属性的图层组内。

9. 剪贴蒙版

在"图层"面板中，可以创建剪贴蒙版，使该蒙版图层中的图像以下一层图层中的图像形状为范围进行显示。剪贴蒙版的创建有以下两种操作方法。

创建嵌套结构的图层组

创建图层组后，在图层组内还可以继续创建新的图层组，这种多级结构的图层组称为嵌套图层组，如图6-36所示。

◎ 选择要设置显示形状的图层，如图6-39所示，选择【图层】→【创建剪贴蒙版】命令，其将只显示在下一层"PS"的形状范围内，如图6-40所示。

图6-36 嵌套图层组

图6-39 创建剪贴蒙版

将图层移入或移出图层组

将一个图层拖入图层组内，可将其添加到图层组中，如图6-37所示。将一个图层拖出图层组外，可将其从图层组中移出，如图6-38所示。

图6-40 蒙版效果

◎ 按住【Alt】键，将鼠标指针移至要添加剪贴蒙版的两个图层之间，当鼠标指针变为 形状时单击即可，如图6-41所示。

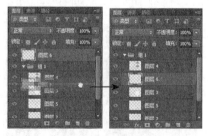

图6-37 移入图层组

图6-41　使用快捷键创建剪贴蒙版

10.　栅格化图层内容

若要使用绘画工具编辑文字图层、形状图层、矢量蒙版或智能对象等包含矢量数据的图层，需要先将其转换为位图，然后才能进行编辑，转换为位图的操作即为栅格化。

选择需要栅格化的图层，然后选择【图层】→【栅格化】命令，在其子菜单中可选择栅格化图层的内容，如图6-42所示。

图6-42　栅格化命令

部分栅格化命令介绍如下。

◎　**文字**：栅格化文字图层，使文字变为光栅图像，也就是位图。栅格化以后，不能使用文字工具修改文字。

◎　**形状/填充内容/矢量蒙版**：选择"形状"命令，可以栅格化形状图层；选择"填充内容"命令，可以栅格化形状图层的填充内容，并基于形状创建矢量蒙版；选择"矢量蒙版"命令，可以栅格化矢量蒙版，将其转换为图层蒙版。

◎　**智能对象**：栅格化智能对象，使其转换为像素。

◎　**视频**：栅格化视频图层，选定的图层将拼合到"时间轴"面板中选定的当前帧的复合中。

◎　**3D**：栅格化3D图层。

◎　**图层样式**：栅格化图层样式，将其应用到图层内容中。

◎　**图层/所有图层中**：选择"图层"命令，可以栅格化当前选择的图层；选择"所有图层"命令，可以栅格化包含矢量数据、智能对象和生成的数据的所有图层。

11.　清除图像的杂边

当移动或粘贴选区时，选区边框周围的一些像素也包含在选区内。此时选择【图层】→【修边】命令，在其子菜单中可选择相应的命令清除这些多余的像素，如图6-43所示。

图6-43　修边命令

各修边命令介绍如下。

◎　**颜色净化**：去除彩色杂边。

◎　**去边**：用包含纯色（不含背景色的颜色）的邻近像素的颜色替换边缘像素的颜色。

◎　**移去黑色杂边**：若将在黑色背景上创建的消除锯齿的选区粘贴到其他颜色的背景上，可选择该命令消除黑色杂边。

◎　**移去白色杂边**：若将在白色背景上创建的消除锯齿的选区粘贴到其他颜色的背景上，可选择该命令消除白色杂边。

12.　查找图层

当图层数量较多时，若想要在"图层"面板中快速找到某个图层，可使用【选择】→【查找图层】命令，如图6-44所示。此时在"图层"面板的顶部会出现一个文本框，在其中输入要查找的图层的名称，面板中便只会显示该图层，如图6-45所示。

图6-44　选择命令

图6-45　输入名称

在"图层"面板中还可通过选择某种类型的图层，如名称、效果、模式、属性或颜色等，只显示与该类型相关的图层，而隐藏其他图层。如在"图层"面板的图层查找栏中选择"类型"选项，然后单击右侧的"文字图层滤镜"按钮 T，面板中将只显示文字图层，如图6-46所示。

图6-46　只显示文字图层

13. 案例——合成梦幻背景

在学习了管理图层的方法后，可通过组合、复制等方法创建图像。下面使用本书提供的素材文件创建一个新的图像，如图6-47所示。

图6-47　图像效果

素材\第6课\课堂讲解\和平鸽.jpg、蝴蝶.jpg、梦幻电杆.jpg、绿芽.jpg
效果\第6课\课堂讲解\梦幻背景.psd

❶ 按【Ctrl+O】组合键打开"打开"对话框，在其中选择"绿芽.jpg"和"和平鸽.jpg"素材文件，将其打开。

❷ 使用移动工具拖动"和平鸽"文件到"绿芽"文件中，自动生成图层1，如图6-48所示。

图6-48　移动图像生成新图层

❸ 按【Ctrl+T】组合键使图层1中的图像周围出现界定框，调整其大小和位置，使其覆盖整个画面，然后按【Enter】键确认。效果如图6-49所示。

图6-49　调整大小

❹ 选择图层1，选择【图像】→【应用图像】命令，在打开的对话框的"图层"下拉列表框中选择"背景"选项，其他保持不变，单击 确定 按钮，如图6-50所示。

图6-50　应用图像

❺ 按【Ctrl+O】组合键，在打开的对话框中选择"梦幻电杆.jpg"素材文件，使用移动工

具拖动电杆文件到绿芽文件中，自动生成图层2，如图6-51所示。

图6-51 自动生成图层2

❻ 按【Ctrl+T】组合键，拖动控制点调整图层2的大小，然后按【Enter】键确认变换，效果如图6-52所示。

图6-52 调整图像大小

❼ 按【Ctrl+M】组合键打开"曲线"对话框，调整曲线，单击 确定 按钮，如图6-53所示，得到图像颜色变深的效果。

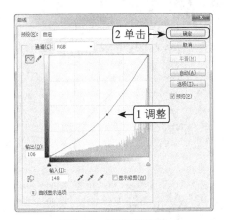

图6-53 调整图像颜色

❽ 设置图层2的图层混合模式为"正片叠底"，如图6-54所示。

❾ 打开"蝴碟.jpg"素材文件，使用移动工具将其拖动到绿芽文件中，自动生成图层3。设置图层3的混合模式为"正片叠底"，如

图6-55所示，然后使用移动工具将蝴蝶移动到绿叶上。

图6-54 设置正片叠底

图6-55 打开素材并设置混合模式

❿ 使用缩放工具放大蝴蝶区域，然后使用多边形套索工具选取除黄色蝴蝶外的其他区域，如图6-56所示。在选取时可按住【Shift】键加选。

图6-56 选择区域

⓫ 按【Delete】键删除所选区域，按【Ctrl+D】组合键取消选区，如图6-57所示。

图6-57 图像效果

⓬ 在工具箱中单击前景色色块，打开"拾色器

（前景色）"对话框，在其中选择白色，单
击 确定 按钮，如图6-58所示。

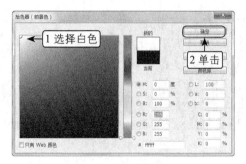

图6-58　设置前景色

⑬　选择画笔工具，选择【窗口】→【画笔预设】
命令，打开"画笔预设"面板，在其中选择
"散布枫叶"预设画笔，如图6-59所示。

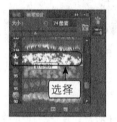

图6-59　选择预设画笔

⑭　在画笔工具属性栏中设置画笔大小为"79像

素"，不透明度为"50%"，如图6-60所示。

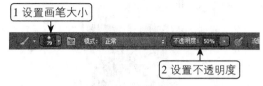

图6-60　设置画笔属性

⑮　在"图层"面板中单击其下的新建按钮，
新建"图层4"。选中图层4，在图像编辑窗
口中单击添加枫叶元素，如图6-61所示。最
后保存文件即可。

图6-61　添加枫叶元素

 试一试

自己找一些素材进行图像的合成操作。

6.2　上机实战

本课上机实战将分别制作唯美风景照和儿童艺术照效果。本实战的目的是综合练习本章学习的
知识点，掌握图层的基本操作。

上机目标如下。

◎　熟练掌握"图层"面板的使用。

◎　熟练掌握图层的基本操作，包括图层的新建、复制、合并、调整顺序等。

◎　理解并掌握图层在不同的设计作品中的应用方法。

建议上机学时：3学时。

6.2.1　制作唯美风景照

1.　实例目标

本案例主要利用素材"风景.psd"图像制
作如图6-62所示的"唯美色调"图像。本例主
要练习图层的使用和调整图层中的各项功能，

对画面颜色做出调整。

素材\第6课\上机实战\风景.jpg
效果\第6课\上机实战\唯美风景.psd
演示\第6课\制作"唯美风景"图像.swf

图6-62　唯美色调

2.　专业背景

在拍摄了风景照后,经常需要对其进行后期处理,更改风景照的色调,使其看起来更加唯美,产生夏日午后、雨过天晴等效果,让人心生愉悦。在为图像调色时,应根据图像自身的色调,选择减弱某一种颜色,或者增强某一种颜色,来得到想要的色调效果。

3.　操作思路

制作唯美风景主要涉及图像的调色操作。本例将通过添加各种调整图层对图像进行调整,操作思路如图6-63所示。

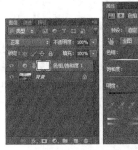

1)调整"色相/饱和度"

2)调整"通道混合器"

3)调整"曲线"

图6-63　"唯美风景"图像的操作思路

❶ 打开"风景.jpg"素材图像,单击"图层"面板底部的"创建新的填充或调整图层"按钮 ,在打开的快捷菜单中选择"色相/饱和度"命令。

❷ 在"图层"面板中将自动添加该调整图层,并弹出列出了相应参数的"属性"面板,在其中可调整各参数。

❸ 接着添加"通道混合器"调整图层,在"属性"面板中设置参数。最后选择"曲线"命令,在"调整"面板中调整曲线。

❹ 调整完成后,"图层"面板已经自动创建了3个调整图层,此时保存图像即可。

6.2.2　制作儿童艺术照

1.　实例目标

本例制作儿童艺术照"快乐童年",完成后的参考效果如图6-64所示。本实例主要练习图层顺序的调整、复制图层以及剪贴蒙版的操作。

图6-64　快乐童年

2. 专业背景

在制作关于儿童的照片时，经常需要在照片中添加一些可爱的元素，让照片看起来绚烂多彩。除此之外，还可通过重复儿童照片的某一重点部分，并改变这些部分的大小，来增强照片的趣味性。

3. 操作思路

制作该实例时首先需要清楚画面的整体布局，然后再开始绘制。根据上面的实例目标，本例的操作思路如图6-65所示。

3）剪贴图层

图6-65　制作快乐童年的操作思路

1）打开背景

2）绘制图形

素材\第6课\上机实战\背景.jpg、儿童1.jpg、儿童2.jpg
效果\第6课\上机实战\快乐童年.psd
演示\第6课\制作"快乐童年"艺术照.swf

❶ 打开"背景.jpg"素材图像，新建图层1，选择椭圆选框工具创建椭圆选区，填充为白色。

❷ 复制图层1，得到图层1副本，按住【Ctrl】键单击图层1副本前的图层缩览图载入图像选区，并填充为白色，然后略微缩小图像。使用同样的方法绘制出其他几个白底黑面的圆形图像。

❸ 打开"儿童1.jpg"素材文件，调整大小并将其放置在绘制的圆形上方。选择【图层】→【创建剪贴蒙版】命令，隐藏圆形以外的儿童图像。

❹ 使用同样的方法打开其他素材文件并制作艺术照。

6.3 常见疑难解析

问： 在Photoshop中，每次打开一副图像时其背景图层都是锁定的，该怎么修改？

答： 在Photoshop中打开的每一幅图像，其背景图层都是锁住不能删除的。可以双击背景图层，将其转换为普通层，这样就可以对它进行编辑了。

问： 在制作一幅图像时调入了很多素材，因此生成了很多图层。制作完成后发现一些图层中的图像不需要了，可以将它们隐藏后再存储吗？

答： 可以。但是，虽然隐藏了这些图层后再进行存储，但并未将其删除，因而不会改变图像文件的大小。如果这些图层不再需要，应将其删除，以减少图像文件的大小，提高计算机运行速度。

问：通过本课的学习可以看出，图层在处理图像时起了非常关键的作用，那么在设计作品时关于图层的应用需要注意哪些问题？

答：应用图层时注意以下几点：对于文字图层若不需要添加滤镜等特殊效果，最好不要将其栅格化，因为栅格化后若要再修改文字内容就很麻烦；一幅作品并不是图层越多越好，因此制作过程中或制作完成后可以将某些图层合并；按住【Ctrl】键同时单击图层缩略图可快速载入图层选区，这一点在设计时会经常用到；含有图层的作品最终一定要保存为PSD格式文件，同时为防止他人修改和盗用，传送文件给他人查看时可另存为TIF和JPG等格式。

问：使用移动工具将图像中的一个图层拖动到另一个图像中，为什么有时候会同时复制了多个图层到另一个图像中呢？

答：可以查看移动的图层是否还链接了另外的其他图层。如已链接，在移动时被链接的图层会被同时复制到另一个图像中。可以先取消链接后再用移动的方法复制该图层。

6.4 课后练习

（1）新建一个图像文件，绘制卡片背景，导入文字素材，结合相关工具的使用，制作如图6-66所示的VIP卡。

素材\第6课\课后练习\文字.psd　　效果\第6课\课后练习\VIP卡.psd
演示\第6课\制作VIP卡.swf

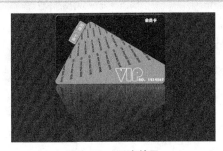

图6-66　VIP卡效果

（2）制作如图6-67所示的"胶片"图像效果。制作该图像主要使用了"苹果"、"鸭子"和"飞机"素材图像。制作时将用到链接图层、合并图层和复制图层等操作。

素材\第6课\课后练习\飞机.jpg、苹果.jpg、鸭子.jpg　　效果\第6课\课后练习\胶片.psd
演示\第6课\制作"胶片"图像.swf

图6-67　胶片效果

第7课
图层的高级应用

学生：老师，在不添加调整图层的情况下，如何改变图像的亮度和色彩呢？

老师：在"图层"面板中可设置图层的混合模式，在要改变图像色彩的图层之上新建一个图层，然后填充需要的颜色，再为其添加不同的混合模式，即可得到相应的图像效果。对于不需要添加效果的部分，可直接使用橡皮擦将其擦除。

学生：能不能在不添加很多图层的情况下，为图层添加投影、发光灯效果呢？

老师：当然能。在Photoshop中可通过添加图层样式，轻松地在图像中制作出如斜面与浮雕、描边、发光等效果。

学生：那我们开始学习吧！

学习目标

▶ 了解图层混合模式的意义

▶ 熟悉每一种图层混合模式

▶ 掌握图层不透明度的运用

▶ 掌握混合选项的设置

▶ 熟悉每一种图层样式的使用

7.1 课堂讲解

应用图层混合模式和图层样式可以制作出许多丰富的图像效果，并且可为图像增强层次感和立体感。本课将主要介绍图层混合模式和图层样式的设置与编辑等知识。通过相关知识点的学习和几个案例的制作，使读者初步掌握各种混合模式的作用和效果，以及如何为图像添加投影、外发光、浮雕等效果的操作。

7.1.1 设置图层混合模式和不透明度

图层的混合模式在图像处理过程中起着非常重要的作用，主要用来调整图层间的相互关系，从而生成新的图像效果，下面将具体讲解。

1. 设置图层混合模式

图层混合是指上一层图层与下一层图层的像素进行混合，从而得到另外一种图像效果。通常情况下，上层的像素会覆盖下层的像素。Photoshop CS6提供了二十多种不同的色彩混合模式，不同的色彩混合模式可以产生不同的效果。

单击"图层"面板中的 正常 按钮，在弹出的下拉列表中即可选择需要的模式，如图7-1所示。下面分别介绍各种混合模式的应用效果。

图7-1 混合模式

正常

使用该模式将会编辑或绘制每个像素，使其成为结果色。该选项为默认模式。图7-2所示

为有两个图层的图像，背景层为向日葵，其上一层为绘制的圆形。

图7-2 正常

溶解

根据像素位置的不透明度，结果色由基色或混合色的像素随机替换。将位于上面的图层的混合模式设置为"溶解"，不透明度设置为40%后的图像效果如图7-3所示。

图7-3 溶解

变暗

使用"变暗"混合模式，可以查看每个通道中的颜色信息，并选择基色或混合色中较暗的颜色作为结果色。应用该混合模式后，将替换比混合色亮的像素，而比混合色暗的像素将保持不变，如图7-4所示。

图7-4　变暗

正片叠底

　　使用该模式会将当前图层中图像的颜色与其下层图层中图像的颜色混合相乘，得到比原来的两种颜色更深的第3种颜色，如图7-5所示。

图7-5　正片叠底

> 提示：基色是位于下层的图像的像素颜色；混合色是上层图像的像素的颜色；结果色是混合后看到的像素的颜色。

颜色加深

　　使用"颜色加深"模式可以查看每个通道中的颜色信息，并通过增加对比度使基色变暗以反映混合色，与白色混合后不产生变化，图像效果如图7-6所示。

线性加深

　　使用"线性加深"模式将可以查看每个通道中的颜色信息，并通过减小亮度使基色变暗以反映混合色，与白色混合后不发生变化，图像效果如图7-7所示。

图7-6　颜色加深

图7-7　线性加深

深色

　　选择"深色"模式将比较混合色和基色的所有通道值的总和并显示值较小的颜色。"深色"不会生成第3种颜色（可以通过"变暗"混合获得），因为它将从基色和混合色中选择最小的通道值来创建结果色。应用该模式的图像效果如图7-8所示。

图7-8　深色

变亮

　　使用"变亮"模式将查看每个通道中的颜

色信息，并选择基色或混合色中较亮的颜色作为结果色。比混合色暗的像素被替换，比混合色亮的像素保持不变，图像效果如图7-9所示。

变化。

图7-9 变亮

🖊 **滤色**

使用"滤色"模式将查看每个通道中的颜色信息，并将混合色的互补色与基色复合，结果色总是较亮的颜色。用黑色过滤时颜色保持不变，用白色过滤时将产生白色。此效果类似于多个幻灯片在彼此之上所产生的投影，如图7-10所示。

图7-10 滤色

🖊 **颜色减淡**

使用"颜色减淡"模式将查看每个通道中的颜色信息，并通过减小对比度使基色变亮以反映混合色，如图7-11所示。与黑色混合不发生变化。

🖊 **线性减淡**

使用"线性减淡"模式将查看每个通道中的颜色信息，并通过增加亮度使基色变亮以反映混合色，如图7-12所示。与黑色混合不发生

图7-11 颜色减淡

图7-12 线性减淡

🖊 **浅色**

"浅色"模式通过比较混合色和基色的所有通道值的总和，显示值较大的颜色。"浅色"不会生成第3种颜色（可以通过"变亮"混合获得），因为它将从基色和混合色中选择最大的通道值来创建结果色。应用该模式的图像效果如图7-13所示。

图7-13 浅色

叠加

使用"叠加"模式将复合或过滤颜色，具体取决于基色。图案或颜色在现有像素上叠加，同时保留基色的明暗对比。当然在该模式中不替换基色，但基色与混合色将相混以反映原色的亮度或暗度，如图7-14所示。

图7-14 叠加

柔光

使用"柔光"模式将使颜色变暗或变亮，具体取决于混合色。此效果与发散的聚光灯照在图像上相似。如果混合色（光源）比50%灰色亮，则图像变亮，就像被减淡了一样；如果混合色（光源）比50%灰色暗，则图像变暗，就像被加深了一样。用纯黑色或纯白色绘画会产生明显较暗或较亮的区域，但不会产生纯黑色或纯白色，如图7-15所示。

图7-15 柔光

强光

使用"强光"模式将复合或过滤颜色，

具体取决于混合色。此效果与耀眼的聚光灯照在图像上相似。如果混合色（光源）比50%灰色亮，则图像变亮，就像过滤后的效果，这对于向图像添加高光非常有用；如果混合色（光源）比50%灰色暗，则图像变暗，就像复合后的效果，这对于向图像添加阴影非常有用。用纯黑色或纯白色绘画会产生纯黑色或纯白色，如图7-16所示。

图7-16 强光

亮光

使用"亮光"模式将通过增加或减小对比度来加深或减淡颜色，具体取决于混合色。如果混合色（光源）比50%灰色亮，则通过减小对比度使图像变亮；如果混合色比50%灰色暗，则通过增加对比度使图像变暗，如图7-17所示。

图7-17 亮光

线性光

应用"线性光"模式将通过减小或增加亮度来加深或减淡颜色，具体取决于混合色。如果混合色（光源）比50%灰色亮，则通过增加亮度使图像变亮；如果混合色比50%灰色暗，则通过减小亮度使图像变暗，如图7-18所示。

图7-18　线性光

点光

使用"点光"模式将根据混合色替换颜色。如果混合色（光源）比50%灰色亮，则替换比混合色暗的像素，而不改变比混合色亮的像素；如果混合色比50%灰色暗，则替换比混合色亮的像素，而比混合色暗的像素保持不变。该模式对于向图像添加特殊效果非常有用，如图7-19所示。

图7-19　点光

实色混合

使用"实色混合"模式是将混合颜色的红色、绿色和蓝色通道值添加到基色的RGB值。如果通道的结果总和大于或等于255，则值为255；如果小于255，则值为0。因此，所有混合像素的红色、绿色和蓝色通道值要么是0，要么是255。这会将所有像素更改为原色：红

色、绿色、蓝色、青色、黄色、洋红、白色或黑色。该模式的图像效果如图7-20所示。

图7-20　实色混合

差值

使用"差值"模式将查看每个通道中的颜色信息，并从基色中减去混合色，或从混合色中减去基色，具体取决于哪一个颜色的亮度值更高。与白色混合将反转基色，与黑色混合则不产生变化，如图7-21所示。

图7-21　差值

排除

使用"排除"模式将创建一种与"差值"模式相似但对比度更低的效果。与白色混合将反转基色，与黑色混合则不发生变化，如图7-22所示。

减去

使用"减去"模式可以从目标通道中相应的像素上减去源通道中的像素值，如图7-23所示。

图7-22　排除

图7-23　减去

划分

使用"划分"模式将查看每个通道中的颜色信息，从基色中划分混合色，如图7-24所示。

图7-24　划分

色相

应用"色相"模式时将根据基色的亮度和饱和度以及混合色的色相创建结果色，如图

7-25所示。

图7-25　色相

饱和度

应用"饱和度"模式时将用基色的亮度和色相以及混合色的饱和度创建结果色。在无饱和度的区域上应用此模式绘画不会产生变化，如图7-26所示。

图7-26　饱和度

颜色

使用"颜色"模式将用基色的亮度以及混合色的色相和饱和度创建结果色，这样可以保留图像中的灰阶，并且对给单色图像上色和给彩色图像着色都非常有用，如图7-27所示。

明度

使用"亮度"模式将用基色的色相和饱和度以及混合色的亮度创建结果色。此模式将产生与"颜色"模式相反的效果，如图7-28所示。

图7-27　颜色

图7-28　明度

2. 设置图层不透明度

通过设置图层的不透明度可以使图层产生透明或半透明的效果。在"图层"面板右上方的"不透明度"数值框中可以输入数值来设置不透明度，其范围是0%～100%。

要设置某图层的不透明度，应先在"图层"面板中选择该层，当图层的不透明度小于100%时，将显示该图层下面的图像，不透明度值越小，就越透明；当不透明度值为0%时，该图层将不会显示，而完全显示其下面图层的内容。

图7-29所示为具有两个图层的图像，背景层为大树图像，其上为一个文字图层。

图7-29　不透明度为0%

将文字所在的图层的透明度分别设置为70%和2%时，效果分别如图7-30和图7-31所示。

图7-30　不透明度为70%

图7-31　不透明度为2%

3. 案例——制作画框图像

本实例将制作一个"画框图像"，主要使用图7-32所示的"树叶.jpg"图像，制作好的画框效果如图7-33所示。通过该案例的学习，应掌握图层及混合模式的应用。

 素材\第7课\课堂讲解\树叶.jpg
效果\第7课\课堂讲解\画框图像.psd

图7-32　素材图像

图7-33 画框效果

❶ 按【Ctrl+N】组合键，打开"新建"对话
框，设置文件名称为"画框图像"，宽度和
高度分别为1000像素和800像素，分辨率为
72像素/英寸，颜色模式为RGB颜色，单击
[　确定　]按钮，如图7-34所示。

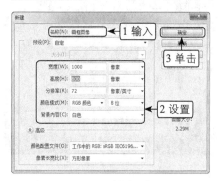

图7-34 新建图像

❷ 选择渐变工具，在其工具属性栏中单击渐变
条，打开"渐变编辑器"窗口，在其中设
置渐变为从深绿色（R:6,G:83,B:64）到浅绿
色（R:175,G:233,B:171）的线性渐变，如图
7-35所示，单击[　确定　]按钮。

图7-35 设置渐变色

❸ 在图像编辑窗口由上往下拖动鼠标绘制渐变

效果，如图7-36所示。

图7-36 渐变填充图像

❹ 按【Ctrl+O】组合键，打开"打开"对话框，
在其中选择素材文件"树叶.jpg"，将其打
开。

❺ 使用移动工具将树叶文件拖动到渐变图像
中，"图层"面板中将自动新建"图层1"，
按【Ctrl+T】组合键调出界定框，然后配合
【Ctrl】键，适当调整图像大小和形状，如图
7-37所示，调整完成后按【Enter】键确认。

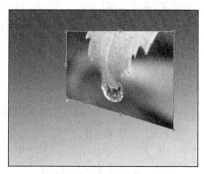

图7-37 变换图像

❻ 按住【Ctrl】键单击图层1的缩览图，载入图
像选区，然后单击"图层"面板下方的"新
建图层"按钮，新建一个"图层2"，填充
选区为白色，并将其放到图层1的下方，设置
其图层不透明度为33%，如图7-38所示。

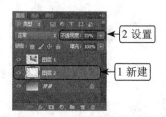

图7-38 调整图层不透明度

❼ 按【Ctrl+T】组合键，调整界定框，配合
【Shift】键适当放大图像，得到的图像效果
如图7-39所示，按【Enter】键确认，然后按
【Ctrl+D】组合键取消选区。

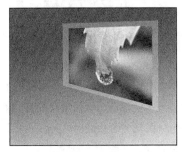

图7-39 调整大小

❽ 单击"图层"面板下方的"新建图层"按钮
🔲，在图层2之上新建一个图层3。再次载入
图层1的选区，将其填充为黄色，并设置图
层不透明度为39%，如图7-40所示。

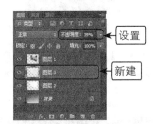

图7-40 设置图层不透明度

❾ 使用同样的方法调整黄色透明图像的大小，
如图7-41所示。

图7-41 调整大小

❿ 在图层3之上新建图层4，选择矩形选框工具
在画框左右两侧分别绘制一个矩形选区，填
充为白色，如图7-42所示。

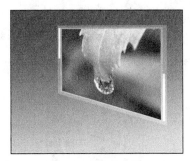

图7-42 绘制白色矩形

⓫ 在图层4之上新建图层5，再次载入图层1的
选区，在图像编辑窗口中将鼠标指针移至选
区内，单击鼠标右键，在弹出的快捷菜单中
选择"羽化"命令，如图7-43所示。

⓬ 打开"羽化选区"对话框，设置"羽化
半径"为10，单击 确定 按钮。按
【Ctrl+D】组合键取消选区。

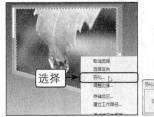

1）选择"羽化"命令　　2）羽化选区

图7-43 设置羽化选区

⓭ 为选区填充白色，然后调整其图层不透明度
为30%，并按【Ctrl+T】组合键适当调整图
像，效果如图7-44所示，按【Enter】键确
认。

图7-44 调整大小和位置

⓮ 选择画笔工具，选择【窗口】→【画笔预

设】命令，打开"画笔预设"面板，在其中
选择"水彩大溅滴"选项，如图7-45所示。

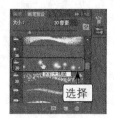

图7-45 选择画笔

⑮ 按【F5】键切换到"画笔"面板，选中"散
布"复选框，如图7-46所示。

图7-46 设置散布

⑯ 在"图层"面板中选择背景层，在其上新建
图层6。设置前景色为白色，在画面中拖动鼠
标，绘制出类似星光的图像，如图7-47所示。

图7-47 绘制图像

⑰ 选择图层1~图层5，将其拖动到"图层"面
板底部的组按钮 📁 上，将这几个图层放置
在一个组中，然后选中该组，将其拖动到面
板底部的新建按钮 🔲 上，复制组，如图7-48

所示。

图7-48 建立组并复制组

⑱ 选中组1副本图层，按【Ctrl+E】组合键组
合该组中的图层，然后将其不透明度设置为
26%，图层混合模式为"正片叠底"，如图
7-49所示。

图7-49 组合组中的内容

⑲ 按【Ctrl+T】组合键，拖动翻转图像，调整
其透视和位置，得到投影效果，如图7-50所
示。

图7-50 图像效果

🕐 想一想

除了改变图层透明度可以得到透明投影效
果外，还可以使用什么方法得到透明投影呢？

7.1.2 图层样式的应用

在编辑图像的过程中，可以通过设置图层
的样式创建出各种特殊的图像效果。下面将分别介绍。

1. 添加图层样式

图层样式除了可为图层中的图像添加阴影、高光等效果，还可创建水晶、玻璃、金属等质感特效。使用以下几种方式可添加图层样式。

◎ 选择【图层】→【图层样式】命令，在打开的子菜单中选择一种效果命令，如图7-51所示，即可打开"图层样式"对话框，并进入到相应效果的设置面板。

图7-51 选择命令

◎ 在"图层"面板中单击添加图层样式按钮 [fx]，在打开的列表菜单中选择一种效果命令，如图7-52所示，即可打开"图层样式"对话框，并进入到相应效果的设置面板。

图7-52 "样式"按钮对应的菜单

◎ 双击需要添加效果的图层右侧的空白部分，可快速打开"图层样式"的默认"混合选项:默认"面板。

2. 图层样式

Photoshop CS6提供了多种图层样式，用户应用其中一种或多种样式，可以制作出光照、阴影、斜面、浮雕等特殊效果。

混合选项

混合选项可以控制图层与其下面的图层像素混合的方式，选择【图层】→【图层样式】命令，即可开启"图层样式"对话框。该对话框中包含整个图层的透明度与混合模式的详细设置，其中有些设置可以直接在"图层"面板上调整。

混合选项中相关设置项包括常规混合、高级混合和混合颜色带等，如图7-53所示。

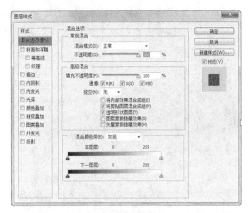

图7-53 混合选项

◎ **"常规混合"栏**：此栏中的"混合模式"用于设置图层之间的色彩混合模式，单击其右侧的按钮 [▼]，在打开的下拉列表中可以选择当前图层和下方图层之间的混合模式；"不透明度"用于设置当前图层的不透明度，与在"图层"面板中的操作一样。

◎ **"高级混合"栏**：此栏中的"填充不透明度"数值框用于设置当前图层上应用填充操作的不透明度；"通道"用于控制单独通道的混合；"挖空"下拉列表框用于控制通过内部透明区域的视图，其下侧的"将内部效果混合成组"复选框用于将内部形式的图层效果与内部图层一起混合。

◎ **"混合颜色带"栏**：此栏用于设置进行混合的像素范围。单击其右侧的按钮 [▼]，在打开的下拉列表中可以选择颜色通道，下拉列表中的内容与当前的图像色彩模式相对应。例如，若是RGB模式的图像，则下拉菜单为灰色加上红、绿、蓝共4个选项；若是CMYK

模式的图像，则下拉菜单为灰色加上青色、洋红、黄色、黑色，共5个选项。

◎ **"本图层"滑动条**：拖动滑块可以设置当前图层所选通道中参与混合的像素范围，其值在0~255之间。在左右两个三角形滑块之间的像素就是参与混合的像素范围。

◎ **"下一图层"滑动条**：拖动滑块可以设置当前图层的下一层中参与混合的像素范围，其值在0~255之间。在左右两个三角形滑块之间的像素就是参与混合的像素范围。图7-54所示即为调整滑块前后的对比效果以及相关参数设置。

1）调整前

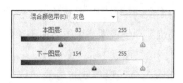

2）调整参数

3）调整后

图7-54 设置参与混合的像素效果

> 提示：在使用"图层样式"对话框中的混合选项时，有些选项可以在"图层"面板中设置。如果在"图层样式"对话框中改变了设置，"图层"面板中的参数也将随之发生改变。

斜面和浮雕

"斜面和浮雕"图层样式可以为图层的中图像产生凸出和凹陷的斜面和浮雕效果，还可以添加不同组合方式的高光和阴影。

"斜面和浮雕"面板的参数控制区如图7-55所示，相关选项含义如下。

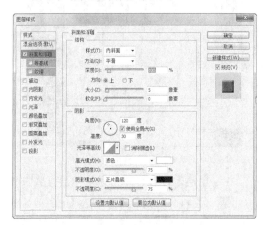

图7-55 "斜面和浮雕"面板

◎ **"样式"下拉列表框**：用于设置斜面和浮雕的样式，包括"内斜面"、"外斜面"、"浮雕效果"、"枕状浮雕"和"描边浮雕"5个选项。"内斜面"可在图层内容的内边缘创建斜面的效果；"外斜面"可在图层内容的外边缘创建斜面的效果；"浮雕效果"可使图层内容相对于下层图层呈现浮雕状的效果；"枕状浮雕"可产生将图层边缘压入下层图层中的效果；"描边浮雕"可将浮雕效果仅应用于图层的边界。

◎ **"方法"下拉列表框**："平滑"表示将生成平滑的浮雕效果，"雕刻清晰"表示将生成一种线条较生硬的雕刻效果，"雕刻柔和"表示将生成一种线条柔和的雕刻效果。

◎ **"深度"数值框**：用于控制斜面和浮雕效果

的深浅程度，取值范围在1%~1000%之间。

◎ **"方向"栏**：选中"上"单选项，表示高光区在上，阴影区在下；选中"下"单选项，表示高光区在下，阴影区在上。

◎ **"大小"选项**：用于设置斜面和浮雕效果中阴影面积的大小。

◎ **"软化"选项**：用于设置斜面和浮雕效果的柔和程度，该值越高，效果越柔和。

◎ **"角度"选项**：用于设置光源的照射角度，可在文本框中输入数值进行调整，也可拖动圆形图标内的指针来调整。如果勾选"使用全局光"复选框，则可以让所有浮雕样式的光照角度保持一致。

◎ **"高度"数值框**：用于设置光源的高度。

◎ **"高光模式"下拉列表框**：用于设置高光区域的混合模式。单击右侧的颜色块可设置高光区域的颜色，下侧的"不透明度"数值框用于设置高光区域的不透明度。

◎ **"阴影模式"下拉列表框**：用于设置阴影区域的混合模式。单击右侧的颜色块可设置阴影区域的颜色，下侧的"不透明度"数值框用于设置阴影区域的不透明度。

等高线

选中"图层样式"窗口左侧的"等高线"复选框，可切换到相应的面板中。使用"等高线"可以勾画在浮雕处理中被遮住的起伏、凹陷和凸起，且设置不同等高线生成的浮雕效果也不同。图7-56所示为使用"锥形"等高线的"等高线"面板，图7-57所示为对应的效果。

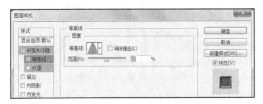

图7-56 "等高线"面板

图7-57 "锥形"效果

纹理

选中左侧的"纹理"复选框，可切换到纹理面板，如图7-58所示。

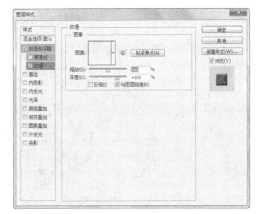

图7-58 "纹理"面板

"纹理"面板中各参数介绍如下。

◎ **"图案"选项**：单击"图案"右侧的▪按钮，可在打开的下拉面板中选择一个图案，将其应用到斜面和浮雕上。

◎ **"从当前图案创建新的预设"按钮**▫：单击该按钮，可以将当前设置的图案创建为一个新的预设图案，新图案会保存在"图案"下拉面板中。

◎ **"缩放"选项**：拖动滑块或输入数值可以调整图案的大小。

◎ **"深度"选项**：用于设置图案的纹理应用程度。

◎ **"反相"复选框**：选中该复选框，可以反转图案纹理和凹凸方向。

◎ **"与图层链接"复选框**：选中该复选框可以将图案链接到图层，此时对图层进行变换操作时，图案也会一同变换。选中该复选框后，单击 贴紧原点(A) 按钮，可将图案的原点对齐到文档的原点；若未选中该复选框，则单击 贴紧原点(A) 按钮，可将原点放在图层的左上角。

> 提示：等高线和纹理在"斜面和浮雕"复选框下，只有选中了"斜面和浮雕"复选框，才能激活"等高线和纹理"复选框。

描边

使用描边样式可以沿图像边缘填充颜色，如图7-59所示。"描边"面板的参数控制区如图7-60所示，相关选项含义如下。

图7-59　描边效果

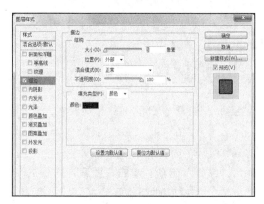

图7-60　"描边"面板

◎ **"位置"下拉列表框**：用于设置描边的位置，可以选择"外部"、"内部"或"居中"3个选项。

◎ **"填充类型"下拉列表框**：用于设置描边填充的内容类型，包括"颜色"、"渐变"和"图案"3种类型。

内阴影

应用"内阴影"效果可以在紧靠图层内容的边缘内添加阴影，使图层内容产生凹陷效果，如图7-61所示。"内阴影"与"投影"的选项设置方式基本相同，不同之处在于："投影"是通过"扩展"选项来控制投影边缘的渐变程度；而"内阴影"则通过"阻塞"选项来控制，"阻塞"可以在模糊之前收缩内阴影的边界，且其与"大小"选项相关联，"大小"值越高，可设置的"阻塞"范围也就越大。

图7-61　内阴影效果

"内阴影"面板的参数控制区如图7-62所示。

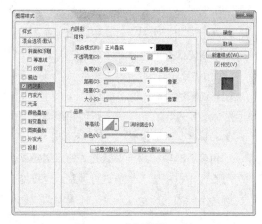

图7-62　"内阴影"面板

内发光

应用"内发光"效果可以沿图层内容的边缘向内创建发光效果，如图7-63所示。"内发光"的参数控制区如图7-64所示。

图7-63　原图与内发光效果对比

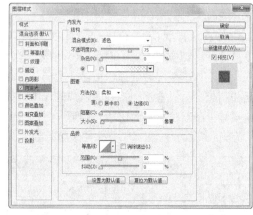

图7-64　"内发光"面板

相关参数介绍如下。

◎ **"源"栏**：用于控制发光光源的位置。选中"居中"单选项，表示应用从图层内容的中心发出的光；选择"边缘"单选项，表示应用从图层内容的内部边缘发出的光。

◎ **"阻塞"选项:** 用于在模糊之前收缩内发光的杂边边界。

图7-68 原图

光泽

通过为图层添加光泽样式,可以在图像内部产生游离的发光效果,如图7-65所示。"光泽"面板的参数控制区如图7-66所示。

图7-65 光泽效果对比

图7-69 调整后的图像

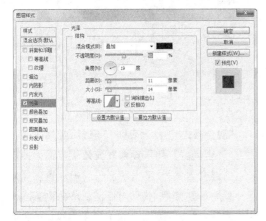

图7-66 "光泽"面板

渐变叠加

应用"渐变叠加"效果可以在图层上叠加指定的渐变颜色,如图7-70所示。其参数面板如图7-71所示。

图7-70 颜色叠加效果对比

颜色叠加

应用"颜色叠加"效果可以在图层上叠加指定的颜色。通过设置颜色的混合模式和不透明度,可以控制叠加效果。图7-67所示为"颜色叠加"面板。图7-68所示为原图,图7-69所示为设置颜色叠后的效果。

图7-67 "颜色叠加"面板

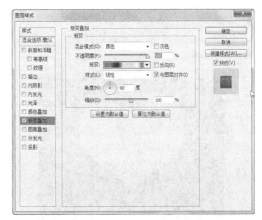

图7-71 "渐变叠加"面板

图案叠加

应用"图案叠加"效果可以在图层上叠加指定的图案，并且可以缩放图案，设置图案的不透明度和混合模式，如图7-72所示。其参数面板如图7-73所示。

图7-72　图案叠加效果

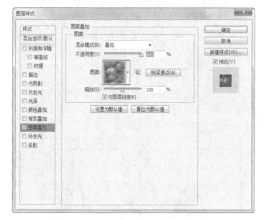

图7-73　"图案叠加"面板

外发光

"外发光"图层样式的效果是沿图像边缘向外产生发光效果。图7-74所示为原图，图7-75所示为设置了外发光后的效果。其参数面板如图7-76所示，相关选项含义如下。

图7-74　原图

图7-75　外发光效果

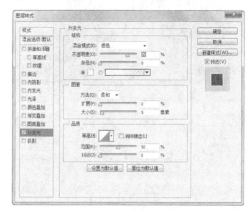

图7-76　"外发光"面板

◎ **"混合模式"下拉列表框 /"不透明度"数值框：** "混合模式"用于设置发光效果与下面图层的混合方式；"不透明度"用于设置发光效果的不透明度，该值越低，发光效果越弱。

◎ **"杂色"数值框：** 在发光效果中添加随机的杂色，使光晕呈现颗粒感。

◎ **"颜色"单选项：** 选中该单选项，则使用单一的颜色作为发光效果的颜色，单击其中的色块，在打开的"拾色器"对话框中可以选择其颜色。

◎ **"渐变条"单选项：** 选中该单选项，则使用一个渐变颜色作为发光效果的颜色，单击▼按钮，可在弹出的下拉列表框中选择渐变色作为发光颜色。

◎ **"方法"下拉列表框：** 用于设置对外发光效果，可以选择"柔合"和"精确"选项。选择"柔和"，可以对发光应用模糊，得到柔和的边缘；选择"精确"，则得到精确的边缘。

◎ **"扩展"数值框/"大小"数值框：** "扩展"用于设置发光范围的大小；"大小"用于设置光晕范围的大小。

◎ **"范围"数值框**：用于设置外发光效果的轮廓范围。

◎ **"抖动"数值框**：用于改变渐变的颜色和不透明度的应用。

✎ 投影

投影样式用于模拟物体受光后产生的投影效果，用以增加图像的层次感，如图7-77所示。

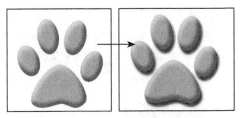

图7-77 投影效果

"投影"面板如图7-78所示，相关选项含义如下。

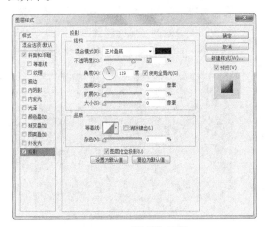

图7-78 "投影"面板

◎ **"混合模式"下拉列表框**：用于设置投影图像与原图像间的混合模式。其右侧的颜色块用来控制投影的颜色，单击它后可在打开的"拾色器"对话框中设置颜色，系统默认为黑色。

◎ **"不透明度"数值框**：用于设置投影的不透明度。

◎ **"角度"数值框**：用于设置光照的方向，投影在该方向的对面出现。

◎ **"使用全局光"复选框**：选中该复选框，图像中所有的图层都将使用相同光线照入角度。

◎ **"距离"数值框**：用于设置投影与原图像间的距离，值越大，距离越远。

◎ **"扩展"数值框**：用于设置投影的扩散程度，值越大扩散越多。

◎ **"大小"数值框**：用于设置投影的模糊程度，值越大越模糊。

◎ **"等高线"下拉列表框**：用于设置投影的轮廓形状。

◎ **"图层挖空投影"复选框**：用于消除投影边缘的锯齿。

◎ **"杂色"数值框**：用于设置是否使用噪声点来对投影进行填充。

在参数设置过程中可以在图像窗口中预览投影的效果，完成后单击 确定 按钮。

⚠ 提示：按住【Alt】键不放，"图层样式"窗口中的 取消 按钮会变为 复位 按钮，如图7-79所示。此时单击 复位 按钮，可将"图层样式"窗口中所有设置的值恢复为默认值。

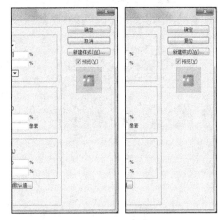

图7-79 "取消"和"复位"按钮

3. 案例——制作金属硬币

本实例将制作一个金属硬币，主要使用了图7-80所示的"图像.jpg"文件，以及"铁锈.jpg"和"纹理.jpg"素材，制作好的硬币效果如图7-81所示。通过该案例的学习，可以掌握图层样式的使用方法。

素材\第7课\课堂讲解\铁锈.jpg、
图像.jpg、纹理.jpg
效果\第7课\课堂讲解\硬币.psd

图7-80　素材文件

图7-81　最终效果

❶ 选择【文件】→【打开】命令，打开"打开"对话框，在其中找到素材所在位置，选中素材，单击 打开(O) 按钮将其打开，如图7-82所示。

图7-82　打开"纹理"素材

❷ 在"图层"面板中单击其下方的"创建新图层"按钮，新建图层1图层，如图7-83所示。

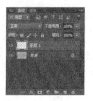

图7-83　新建图层1图层

❸ 在工具箱中单击前景色图标，打开"拾色器（前景色）"对话框，在其中将前景色设置为灰色（R:109,G:109,B:109），单击 确定 按钮，如图7-84所示。

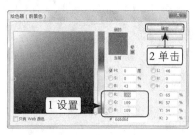

图7-84　设置前景色

❹ 在工具箱中选择椭圆工具，按住【Shift】键不放，在图像绘制区域绘制圆形，如图7-85所示，此时图层1的名称自动变为"椭圆1"。

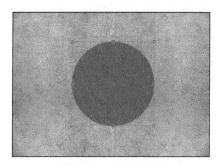

图7-85　绘制圆形

❺ 在"图层"面板的椭圆1图层上按住鼠标左键不放，将其拖动到面板下方的"创建新图层"按钮上，复制该图层，如图7-86所示。

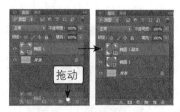

图7-86　复制椭圆1图层

❻ 按住【Ctrl】键不放，在"图层"面板中单击复制图层的缩览图，如图7-87所示，载入图层对象的选区，如图7-88所示。

图 7-87　单击图层缩览图

图7-88　创建选区

❼ 在椭圆工具的工具属性栏上单击"填充"色块，在打开的列表中单击"拾色器"按钮 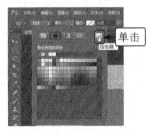 ，如图7-89所示。

图 7-89　单击"拾色器"按钮

❽ 打开"拾色器（填充颜色）"对话框，在其中设置颜色为灰色（R:204,G:204,B:204），然后单击 确定 按钮，如图7-90所示，按【Ctrl+D】组合键取消选区。

图7-90　设置填充颜色

❾ 选择路径选择工具，在图像编辑窗口中的圆形上单击，使其四周出现路径，如图7-91所示，按【Ctrl+C】组合键复制该路径，再按【Ctrl+V】组合键粘贴。

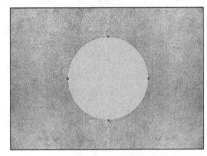

图7-91　复制路径

❿ 按【Ctrl+T】组合键使复制的路径周围出现界定框，再按住【Alt+Shift】组合键不放，调整界定框，将其缩小到如图7-92所示的位置。

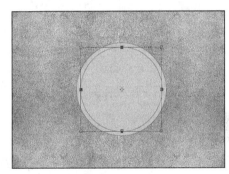

图7-92　缩小界定框

⓫ 按【Enter】键确认，在路径选择工具的工具属性栏中单击"路径操作"按钮 ，在弹出的列表中选择"减去顶层形状"命令，如图7-93所示。

图7-93　减去顶层形状

⓬ 此时椭圆1 副本图层中的图像为一个空心圆，如图7-94所示。

⓭ 保持椭圆1 副本的选中状态，双击该图层名

称右侧的空白位置，打开"图层样式"对话框。

图7-94 空心圆

⓮ 在"图层样式"对话框中选中"斜面和浮雕"复选框，切换到该选项相应的界面，在其中设置"深度"为32，"大小"为29，"角度"为30，"高度"为42，高光模式的"不透明度"为75，如图7-95所示。

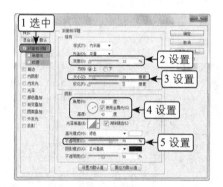

图7-95 调整"斜面和浮雕"参数

⓯ 选中"描边"复选框，切换到该选项对应的界面，设置"大小"为1，"不透明度"为10，"颜色"为白色，如图7-96所示。

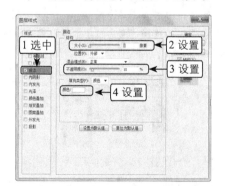

图7-96 设置"描边"参数

⓰ 选中"内阴影"复选框，切换到该选项对应

的界面，设置"不透明度"为30%，颜色为白色，"角度"为30，"距离"为3，"大小"为3，如图7-97所示。

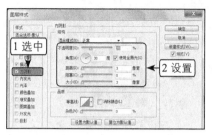

图7-97 设置"内阴影"参数

⓱ 选中"内发光"复选框，切换到该选项对应的界面，设置"混合模式"为"颜色减淡"，"不透明度"为46，"大小"为3，如图7-98所示。

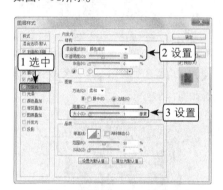

图7-98 设置"内发光"参数

⓲ 选中"投影"复选框，切换到该选项对应的界面，设置"不透明度"为42，"角度"为30，"距离"为10，"扩展"为9，"大小"为16，选中"消除锯齿"复选框，单击 确定 按钮，如图7-99所示。

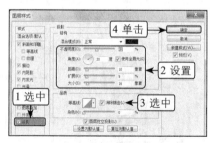

图7-99 设置"投影"参数

⑲ 在"图层"面板中，将椭圆1副本图层的"填充"设置为80%，如图7-100所示。

图7-100 设置填充

⑳ 图层设置完成后的效果如图7-101所示。

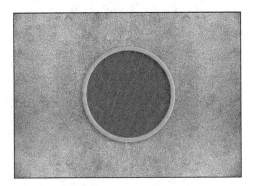

图7-101 图层设置效果

㉑ 在"图层"面板中选中椭圆1图层，双击该图层，打开该图层的"图层样式"对话框。

㉒ 单击选中"投影"复选框，切换到该选项对应的界面，设置"不透明度"为75，"角度"为30，"距离"为25，"大小"为65，单击 确定 按钮，如图7-102所示。

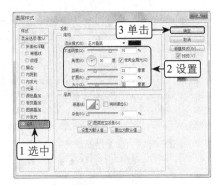

图7-102 设置"投影"参数

㉓ 图层设置完成后的效果如图7-103所示。

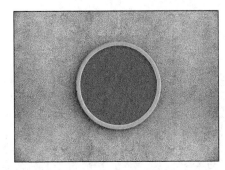

图7-103 图层设置效果

㉔ 按【Ctrl+O】组合键打开"打开"对话框，在其中选择素材文件夹中的"图像.jpg"文件，将其打开。

㉕ 在工具箱中选择移动工具，将刚打开的"图像.jpg"文件拖动到绘制硬币的图像编辑窗口中，如图7-104所示。

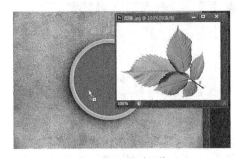

图7-104 拖动图像

㉖ 单击"图像.jpg"窗口右上角的 ✕ 按钮，关闭该文件。

㉗ 此时在绘制硬币的文件的"图层"面板中将自动生成图层1，以放置刚才拖入进来的图片。用鼠标左键按住该图层不放并向上拖动，将其移动到最顶层，如图7-105所示。

图7-105 移动图层

㉘ 选中图层1图层，选择魔棒工具，在其工具属性栏中取消选中"连续"复选框，在图像

编辑窗口中单击该图像中的白色部分,然后按【Delete】键将白色部分删除,如图7-106所示,再按【Ctrl+D】组合键取消选区。

图7-106 删除白色部分

㉙ 按【Ctrl+T】组合键,调整图像的大小和位置,如图7-107所示。

图7-107 调整图像大小和位置

㉚ 保持该图层被选中,选择【图像】→【调→【黑白】命令,打开"黑白"对话框,保持其中的默认选项不变,如图7-108所示。

图7-108 "黑白"对话框

㉛ 单击 确定 按钮得到黑白图像,效果如图7-109所示。

图7-109 获得黑白图像

㉜ 选择【滤镜】→【风格化】→【浮雕效果】命令,如图7-110所示。

图7-110 选择命令

㉝ 打开"浮雕效果"对话框,在其中设置"角度"为50,"高度"为10,"数量"为96,单击 确定 按钮,如图7-111所示。

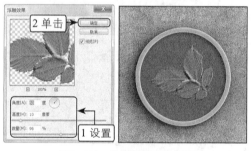

图7-111 设置浮雕效果参数

㉞ 在"图层"面板中单击其下方的"创建新的填充或调整图层"按钮 ,在弹出的列表中选择"亮度/对比度"选项,如图7-112所示,新建一个亮度/对比度图层。

图7-112 新建"亮度/对比度"图层

㉟ 选中亮度/对比度图层，在其"属性"面板中设置"亮度"为-26，"对比度"为32，如图7-113所示。

图7-113 调整亮度和对比度

㊱ 选择除背景图层外的其他图层，按【Ctrl+Alt+E】组合键盖印选中的图层，如图7-114所示。

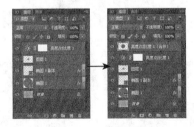

图7-114 盖印图层

㊲ 选择【文件】→【置入】命令，打开"置入"对话框，在其中选择素材文件中的"铁锈.jpg"文件，单击 置入(P) 按钮，如图7-115所示。

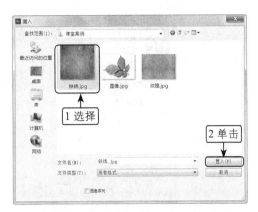

图7-115 置入图像

㊳ 图像自动置入文件中，并放置在"图层"面板的最顶层。在图像编辑窗口中直接拖动置入图像的4个角，更改其大小和位置，以遮住创建的硬币图像，如图7-116所示，按【Enter】键确认。

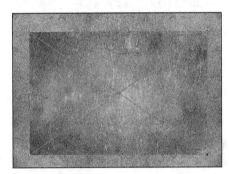

图7-116 调整大小

㊴ 按住【Alt】键不放，将鼠标指针移至置入的铁锈图层和盖印的图层之间，当鼠标指针变为形状时单击左键，如图7-117所示，创建剪贴蒙版图层。

图7-117 创建剪贴蒙版图层

㊵ 在"图层"面板中选择铁锈图层，将其图层混合模式设置为"亮光"，如图7-118所示，完成硬币的创建。

图7-118　设置图层混合模式

④ 按【Ctrl+S】组合键，在打开的"存储为"
对话框中保存创建的硬币图像。

⏱ **想一想**

在图层样式中设置的各种不同参数有什
么意义？是否一定要按照例子中的参数进行设
置，为什么？

7.2 上机实战

本课的上机实战将分别创作"堆叠照片"和"画中画"文件，综合练习本课所学的知识点。
上机目标如下。

◎ 熟练掌握图层样式的使用方法。
◎ 熟悉图层样式的设置原理。
◎ 熟练掌握图层混合模式的使用。
建议上机学时：4学时。

7.2.1 制作堆叠照片

1. 实例目标

本例将制作图7-119所示的图片堆叠照片，
要求使用提供的一张素材照片，制作出照片堆
叠的效果。通过本例的学习，可掌握设置图层
样式和复制与粘贴图层样式的方法，并巩固前
面所学的标尺和辅助线、使用选区、设置画布
等操作。

素材\第7课\上机实战\彩色树叶.jpg
效果\第7课\上机实战\堆叠照片.psd
演示\第7课制作"堆叠照片".swf

图7-119　堆叠照片

2. 操作思路

根据上面的操作要求，本例的操作思路如
图7-120所示。

1）创建辅助线

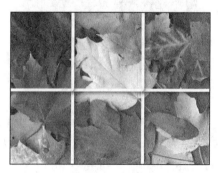

2）添加图层样式

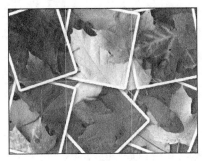

3）旋转图像

图7-120 创建"堆叠照片"的操作思路

❶ 打开"彩色树叶.jpg"素材文件，选择【视图】→【标尺】命令，在图像窗口中显示标尺。

❷ 通过标尺创建辅助线，将图像分割为6部分。使用矩形选框工具，在其中一部分上绘制选区，按【Ctrl+J】组合键复制选区图像，并在"图层"面板中自动生成图层1。

❸ 使用相同的方法，将其他几个部分依次复制到图层2~图层6中。

❹ 双击图层1，在打开的"图层样式"对话框中，选中"投影"复选框，在其中设置投影参数的不透明度为"75"、角度为"120"、距离为"4"、扩展为"35"、大小为"15"。

❺ 选中"描边"复选框，设置描边大小为"6"、位置为"外部"、不透明度为"100"、颜色为白色，然后确认设置。

❻ 利用单击右键弹出的快捷菜单将图层1中的图层样式复制并粘贴到图层2~图层6中。依次对每个图层中的对象按【Ctrl+T】组合键进行变换。

❼ 清除设置的辅助线，按【D】键恢复默认的前景色和背景色，选择背景图层，按【Ctrl+Delete】组合键为该图层填充白色。

❽ 选择【图像】→【画布大小】命令，在打开的对话框中选中"相对"复选框，设置画布的宽度和高度均为2厘米，单击 确定 按钮，完成制作。

7.2.2 制作画中画

1. 实例目标

本例将制作图7-121所示的画中画效果。通过本例的学习，练习图层样式的使用。

 素材\第7课\上机实战\阳光女孩.jpg
效果\第7课\上机实战\画中画.psd
演示\第7课\制作"画中画".swf

图7-121 "画中画"效果

2. 操作思路

根据上面的操作要求，本例的操作思路如图7-122所示。

1）创建选区

2）设置描边

3）创建投影

图7-122　制作"画中画"的操作思路

❶ 打开素材文件"阳光女孩.jpg"，使用矩形选框工具在图像窗口中框选需要作为画中画的区域。

❷ 选择【选择】→【变换选区】命令打开变换

编辑框，旋转选区。按【Ctrl+J】组合键复制选区中的图像到新图层，自动生成图层1。

❸ 单击"图层"面板下方的"添加图层样式"按钮 fx，在弹出的下拉菜单中选择"描边"命令。

❹ 设置描边大小为"8"，位置为"内部"，颜色（R:212,G:240,B:249）。

❺ 选中"投影"复选框，设置不透明度为"75"、角度为"150"、距离和大小均为"5"、确认设置。

❻ 复制图层1，变换复制的图层中图像的大小和位置，然后保存即可。

7.3 常见疑难解析

问：如果要制作一幅暗调的图像，并且需要输入深色的文字，怎样才能让文字在画面中变得更加明显？

答：可以为文字添加各种图层样式来突出文字，如添加浅色的"投影"、"外发光"或"斜面和浮雕"图层样式等。另外，可以在"图层"面板中选中相应的图层，再拖动"不透明度"的滑块来设置图像内部填充的不透明度。

问：在一幅图像中创建一个选区，然后使用"图层样式"对话框为其添加外发光效果，但是添加图层样式后却看不到效果，这是怎么回事呢？

答：这是因为"图层样式"对话框只对图层中的图像起作用，并不对图层中的图像选区起作用，可以将图像选区复制到新的图层中，再添加图层样式。

问：为图像中的文字添加图层样式时，必须先将文字进行栅格化处理吗？

答：不需要。图层样式可以直接对文字进行操作，只有在使用一些滤镜和进行色调调整时才需要将文字做栅格化处理。

7.4 课后练习

（1）制作一个商场情人节促销宣传广告，如图7-123所示。做渐变填充后，使用钢笔工具在画面中绘制主要图像；然后填充颜色，对其应用"斜面和浮雕"、"描边"等图层样式；然后输入文字，对文字应用"渐变叠加"、"描边"、"内投影"等图层样式；最后使用画笔工具添加一些星光效果。

效果\第7课\课后练习促销广告.psd
演示\第7课\制作"促销广告"文件.swf

图7-123　情人节促销广告

（2）制作一个特效文字图像。在画面中输入文字，进行栅格化处理，对文字应用"外发光"效果，然后再绘制圆环图像，同样应用"外发光"效果，如图7-124所示。

效果\第7课\课后练习特效文字.psd
演示\第7课\制作"特效文字"文件.swf

图7-124　特效文字

（3）制作如图7-125所示的多色金属按钮。作按钮时，首先要通过椭圆选框工具绘制出按钮的基本外形，然后进行颜色填充，再打开"图层样式"对话框，对其应用"斜面和浮雕"、"渐变叠加"和"投影"等样式，最后使用钢笔工具绘制出按钮的反光图像，转换为选区后填充对象。

效果\第7课\课后练习金属按钮.psd
演示\第7课\制作"金属按钮"文件.swf

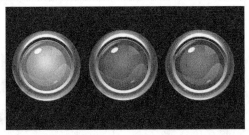

图7-125　金属按钮

第8课
图像色彩的调整

学生：老师，遇到图像颜色偏差严重的情况该怎么处理呢？

老师：在Photoshop中可以调整图像的亮度、对比度、色彩平衡、饱和度等，以修正图像的颜色。除此之外，还可以调整曝光不足的照片、偏色的图像，并制作一些特殊图像色彩。

学生：这么多调整色彩的命令，该用哪一种进行调整呢？

老师：这得视图像的具体情况，若图像偏红色，就要减少红色，若图像曝光过度，就要减少曝光。这节课我们就一起来学习有关图像色彩调整的操作。

学习目标

▶ 熟练使用各种调色命令

▶ 掌握调整图像颜色的方法

▶ 理解色彩的调整方法

▶ 掌握调整图像特殊颜色的方法

8.1 课堂讲解

本课主要讲述图像中各种颜色的调整方法，包括调整图像明暗度、饱和度、替换颜色、添加渐变颜色效果等知识。

8.1.1 调整图像色彩

在Photoshop中可以运用一些简单的命令为一些图像快速调整颜色，然后再做精细的颜色参数调整。下面将具体讲解。

1. 调整色阶

使用"色阶"命令可以调整图像的高光、中间调和暗调的强度级别，校正色调范围和色彩平衡。

使用"色阶"命令可对整个图像进行操作，也可以对图像的某一选取范围、某一图层图像，或某一颜色通道进行调整。

选择【图像】→【调整】→【色阶】命令或按【Ctrl+L】组合键打开"色阶"对话框，如图8-1所示，其中各选项含义如下。

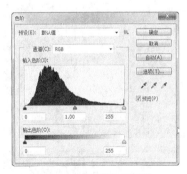

图8-1 "色阶"对话框

◎ **"预设"下拉列表框**：单击预设选项右侧的 按钮，在打开的下拉列表中选择"存储"命令，可将当前的调整参数保存为一个预设文件。在使用相同的方式处理其他图像时，可以用预设的文件自动完成调整。

◎ **"通道"下拉我表框**：在其下拉列表中可以选择要调整的颜色通道。调整通道会改变图像颜色。

◎ **"输入色阶"选项**：左侧滑块用于调整图像的暗部，中间滑块用于调整中间调，右侧的

滑块用于调整亮部。可通过拖动滑块或者在滑块下的数值框中输入数值进行调整。调整暗部时，低于设置值的像素将变为黑色；调整亮部时，高于设置值的像素将变为白色。

◎ **"输出色阶"选项**：用于限制图像的亮度范围，如图8-2所示，从而降低对比度，使图像呈现褪色效果，如图8-3所示。

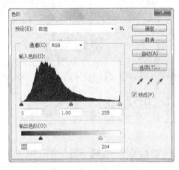

图8-2 限制图像亮度范围

图8-3 图像效果对比

◎ **"设置黑场"按钮** ：使用该工具在图像中单击，可将单击点的像素调整为黑色，原图中比该点暗的像素也变为黑色，如图8-4所示。

◎ **"设置灰场"按钮** ：使用该工具在图像中单击，可根据单击点像素的亮度来调整其

他中间色调的平均亮度，如图8-5所示，常用于校正偏色。

图8-4　设置黑场

图8-5　设置灰场

◎　**"设置白场"按钮**：使用该工具在图像中单击，可将单击点的像素调整为白色，比该点亮度值高的像素都将变为白色，如图8-6所示。

图8-6　设置白场

◎　**自动(A)按钮**：单击该按钮，Photoshop会以0.5%的比例自动调整色阶，使图像的亮度分布更加均匀。

◎　**选项(T)...按钮**：单击该按钮，将弹出"自动颜色校正选项"对话框，在其中可设置黑色像素和白色像素的比例。

2. 自动调整颜色

Photoshop CS6中有3个自动调整颜色命令。选择"图像"菜单命令，在弹出的菜单中可看到这3个命令，即自动色调、自动对比度和自动颜色，如图8-7所示。

图8-7　"图像"菜单

3个命令介绍如下。

◎　**自动色调**：使用该命令可自动调整图像中的黑场和白场，将每个颜色通道中最亮和最暗的像素映射到纯白（色阶为255）和纯黑（色阶为0），中间像素值按比例重新分布，从而增强图像的对比度。图8-8所示为应用该命令后的图像对比。

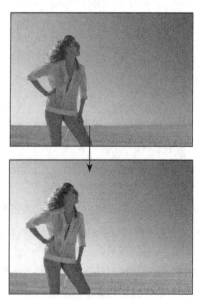

图8-8　应用"自动色调"前后效果对比

◎　**自动对比度**：使用该命令可自动调整图像的对比度，使高光看上去更亮，阴影看上去更暗。图8-9所示为应用该命令后的图像对比。

图8-9 应用"自动对比度"前后效果对比

◎ **自动颜色**：使用该命令可通过搜索图像来标识阴影、中间调和高光，从而调整图像的对比度和颜色。使用该命令可以校正出现偏色的图像。图8-10所示为校正偏绿的图像。

图8-10 应用"自动颜色"前后效果对比

3. 调整亮度和对比度

使用"亮度/对比度"命令可以对图像的色调范围进行调整。选择【图像】→【调整】→【亮度/对比度】命令，即可打开如图8-11所示的"亮度/对比度"对话框。

图8-11 "亮度/对比度"对话框

对话框中的参数含义如下。

◎ **"亮度"选项**：拖动亮度下方的滑块或在右侧的数值框中输入数值，可以调整图像的亮度。

◎ **"对比度"选项**：拖动对比度下方的滑块或在右侧的数值框中输入数值，可以调整图像的对比度。

◎ **"使用旧版"复选框**：选中该复选框，可得到与Photoshop CS3以前的版本相同的调整结果。图8-12所示为未选中该选项的调整结果，亮度值为17，对比度值为32。图8-13为选中了该选项后的调整结果。使用旧版的对比度更强，但图像细节丢失得也更多。

图8-12 未勾选"使用旧版"的效果

图8-13 勾选"使用旧版"后的效果

> **技巧**："亮度/对比度"命令没有"色阶"和"曲线"的可控性强，在调整时有可能丢失图像细节。对于输出要求比较高的图像，建议使用"色阶"或"曲线"来调整图像。

4. 调整色彩平衡

使用"色彩平衡"命令可以调整图像的总体颜色混合，多用于调整明显偏色的图像。选择【图像】→【调整】→【色彩平衡】命令，或按【Ctrl+B】组合键可打开如图8-14所示的"色彩平衡"对话框。

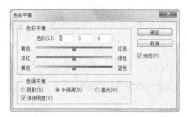

图8-14　"色彩平衡"对话框

其中各选项含义如下。

◎ **"色彩平衡"栏**：拖动3个滑块或在色阶数值框中输入相应的值，可向图像中增加或减少相应的颜色。如将第一个滑块移向"青色"，可在图像中增加青色，同时减少其补色红色，如图8-15所示；移向"红色"可增加红色，减少青色，如图8-16所示。

图8-15　增加青色，减少红色

图8-16　增加红色，减少青色

◎ **"色调平衡"栏**：用于选择用户需要着重进行调整的色彩范围。包括"暗调"、"中间调"和"高光"3个单选项，选中某一单选项，就会对相应色调的像素进行调整。选中"保持明度"复选框，可保持图像的色调不变，防止亮度值随颜色的更改而改变。

5. 调整曲线

"曲线"命令是选项最丰富、功能最强大的颜色调整工具之一，它允许调整图像色调曲线上的任意一点。选择【图像】→【调整】→【曲线】命令，将打开如图8-17所示的"曲线"对话框。

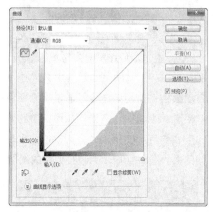

图8-17　"曲线"对话框

该对话框中包含了一个色调曲线图，其中曲线的水平轴代表图像原来的亮度值，即输入值；垂直轴代表调整后的亮度值，即输出值。

"曲线"对话框中各选项的含义如下。

◎ **"通道"数值框**：用于显示当前图像文件的色彩模式，并可从中选取单色通道对单一的色彩进行调整。

◎ **按钮**：是系统默认的曲线工具。单击该按钮后，可以通过拖动曲线上的调节点来调整图像的色调。

◎ **按钮**：使用它可在曲线图中绘制自由形状的色调曲线。

◎ **"曲线显示选项"栏**：单击名称前的按钮，可以展开隐藏的选项，如图8-18所示。展开项中有两个"田"字型按钮，用于控制曲线调节区域的网格数量。

图8-18　展开选项

运用"曲线"命令对图像的色调进行调整后的效果如图8-19所示。

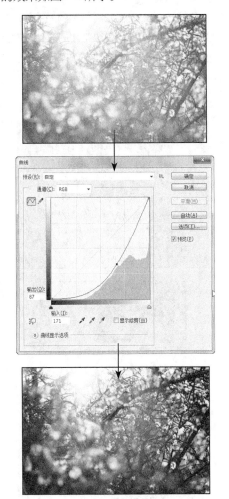

图8-19　调整曲线

技巧：在曲线上可以添加多个调节点来综合调整图像的效果。当调节点不需要时，按【Delete】键或将其拖至曲线外，即可删除该调节点。

6．调整色相和饱和度

使用"色相/饱和度"命令可以调整图像整体或单个颜色的色相、饱和度和亮度，从而实现图像色彩的改变。

选择【图像】→【调整】→【色相/饱和度】命令，打开"色相/饱和度"对话框，如图8-20所示。

图8-20　"色相/饱和度"对话框

对话框中各选项的含义如下。

◎ **"全图"下拉列表框**：在其下拉列表中可以选择作用范围，系统默认选择"全图"选项，即对图像中的所有颜色有效，也可在该下拉列表中选择对单个颜色有效，单色包括红色、黄色、绿色、青色、蓝色和洋红。

◎ **"色相"选项**：通过拖动滑块或输入数值，可以调整图像中的色相。

◎ **"饱和度"选项**：通过拖动滑块或输入数值，可以调整图像中的饱和度。

◎ **"明度"选项**：通过拖动滑块或输入数值，可以调整图像中的明度。

◎ **"着色"复选框**：选中该复选框，可使用同一种颜色来置换原图像中的颜色。

对如图8-21所示的图像应用"色相/饱和度"命令后，调整的图像效果如图8-22所示。

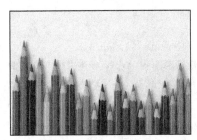

图8-21　处理前的图像

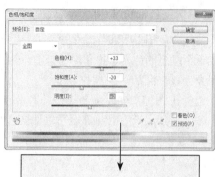

图8-22 调整色相和饱和度

7. 替换颜色

运用"替换颜色"命令可以将图像中全部颜色或部分颜色替换为指定的颜色。选择【图像】→【调整】→【替换颜色】命令,打开如图8-23所示的"替换颜色"对话框。

图8-23 "替换颜色"对话框

其中各选项含义如下。

◎ **吸管工具** 📝 📝 📝:使用这3个吸管工具在图像中单击,可分别用于拾取、增加和减少颜色。

◎ **"本地化颜色簇"复选框**:若在图像中选择相似且连续的颜色,则选中该复选框后,可使选择范围更加精确。

◎ **"颜色容差"选项**:用于控制颜色的选择精度,值越大,选中的颜色范围越广。在该对话框的预览区域中,白色代表了选中的颜色。

◎ **"选区"单选项**:以白色蒙版的方式在预览区域中显示图像,白色代表选中的区域,黑色代表未选中的区域,灰色代表部分被选择的区域。

◎ **"图像"单选项**:以原图的方式在预览区域中显示图像。

◎ **"替换"栏**:该栏分别用于调整图像所拾取颜色的色相、饱和度和明度的值,调整后的颜色变化将显示在"结果"颜色框中,原图像也会随值的改变而发生相应的变化,如图8-24所示。

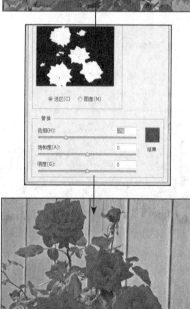

图8-24 替换颜色的操作和前后效果对比

8. 可选颜色

"可选颜色"命令用于调整图像中的色彩不平衡问题，可以专门针对某种颜色进行调整。选择【图像】→【调整】→【可选颜色】命令，打开如图8-25所示的"可选颜色"对话框。

图8-25 "可选颜色"对话框

部分选项含义如下。

◎ **"颜色"下拉列表框**：用于设置要调整的颜色，设置完颜色后再拖动下面的各个颜色色块，即可调整所选颜色中青色、洋红色、黄色和黑色的含量。

◎ **"方法"栏**：用于选择增减颜色模式。选中"相对"单选项，将按CMYK总量的百分比来调整颜色；选中"绝对"单选项，将按CMYK总量的绝对值来调整颜色。

例如，对图像中的黄色进行调整，如图8-26所示，调整后的效果如图8-27所示。

图8-26 设置可选颜色

图8-27 调整颜色

9. 匹配颜色

"匹配颜色"命令用于匹配不同图像之间、多个图层之间或者多个颜色选区之间的颜色。还允许用户通过更改图像的亮度、色彩范围以及中和色痕来调整图像中的颜色。

选择【图像】→【调整】→【匹配颜色】命令，打开如图8-28所示的对话框。

图8-28 "匹配颜色"对话框

其中各选项的含义如下。

◎ **"目标"项**：用来显示当前图像文件的名称。

◎ **"图像选项"栏**：用于调整匹配颜色时的亮度、颜色强度和渐隐效果。其中"中和"复选框用于选择是否将两幅图像的中性色进行色调的中和。

◎ **"图像统计"栏**：用于选择匹配颜色时图像的来源或所在的图层。

在图像之间进行颜色匹配的具体操作如下。

> 素材\第8课\课堂案例楼.jpg、景.jpg
> 效果\第8课\课堂案例匹配颜色.psd

❶ 在Photoshop中选择【文件】→【打开】命令，在打开的"打开"窗口中选择素材文件，将其打开。

❷ 选择"楼.jpg"图像为当前图像，如图8-29所示，选择【图像】→【调整】→【匹配颜色】命令，打开"匹配颜色"对话框。

图8-29　当前图像

❸ 在其中的"源"下拉列表框中选择打开的另一个图像文件，这里选择"景.jpg"图像。在"图像选项"区域中调整图像的亮度、颜色强度和渐隐程度，选中"中和"复选框，单击 确定 按钮，如图8-30所示。

图8-30　设置匹配参数

❹ 对图像进行匹配颜色后的效果如图8-31所示。

图8-31　匹配效果

10. 颜色查找

"颜色查找"是Photoshop CS6中的新功能。在不同的设备之间输入输出图像时，设备色彩区域的不同会使图像在传递时出现色彩不匹配的现象。"颜色查找"命令可以让颜色在不同的设备间精确地传递和再现。

选择【图像】→【调整】→【颜色查找】命令，可打开"颜色查找"对话框，如图8-32所示。

图8-32　"颜色查找"对话框

单击"3DLUT 文件"下拉列表框右侧的按钮，在弹出的下拉列表中选择一种选项，可快速调整图像的色调。图8-33所示为选择"CandleLight.CUBE"选项后的对比效果。

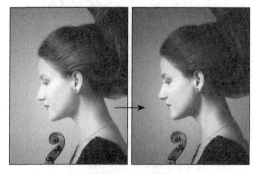

图8-33　对比效果

提示：在"调整"面板中单击"创建新的颜色调整图层"按钮，可在"图层"面板中新建一个颜色查找图层，同时打开"属性"面板，在其中显示该图层的相关可调节属性，如图8-34所示。

图8-34 颜色查找

11. 照片滤镜

使用"照片滤镜"命令可以使图像产生一种滤色效果。选择【图像】→【调整】→【照片滤镜】命令，打开如图8-35所示的"照片滤镜"对话框。

图8-35 "照片滤镜"对话框

其中部分选项定义如下。

◎ **"滤镜"下拉列表框**：在其下拉列表中可选择滤镜的类型。

◎ **"颜色"单选项**：单击右侧的色块，可以在打开的对话框中自定义滤镜的颜色。

◎ **"浓度"数值框**：通过拖动滑块或输入数值来调整添加颜色的浓度。

◎ **"保留明度"复选框**：选中该复选框后，添加颜色滤镜后仍将保持原图像的明度。

对图像进行照片滤镜调整后的效果如图8-36所示。

图8-36 调整照片滤镜

12. 案例——制作花灯

本案例将为图8-37所示的"花"图像制作灯笼的效果，最终效果如图8-38所示。通过该案例的制作，可以掌握"曲线"、"色阶"、"色彩平衡"等调色命令的用法。

 素材\第8课\课堂讲解\花.jpg
效果\第8课\课堂讲解\花灯.psd

图8-37 原图

图8-38　花灯效果

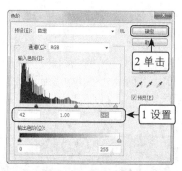

图8-41　调整色阶

❶ 打开"花.jpg"素材文件，拖动背景图层到"图层"面板下方的"创建新图层"按钮上，得到背景的副本图层，如图8-39所示。

图8-39　复制图层

❷ 按【Ctrl+M】组合键打开"曲线"对话框，在其中调整曲线，单击 确定 按钮，将图像变暗，如图8-40所示。

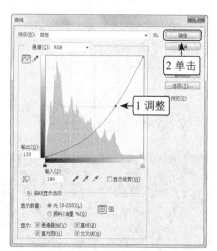

图8-40　调整曲线

❸ 按【Ctrl+L】组合键打开"色阶"对话框，设置参数，单击 确定 按钮，如图8-41所示，图像效果如图8-42所示。

图8-42　图像效果

❹ 按【Ctrl+B】组合键打开"色彩平衡"对话框，设置参数，单击 确定 按钮，如图8-43所示。

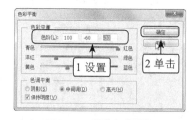

图8-43　调整色彩平衡

❺ 选择【图像】→【调整】→【亮度/对比度】命令，在打开的"亮度/对比度"对话框中设置参数，单击 确定 按钮，如图8-44所示。

图8-44　调整亮度和对比度

❻ 选择【滤镜】→【渲染】→【镜头光晕】命令，打开"镜头光晕"对话框，设置参数，然后在预览框里将镜头光晕移至最下方的花

朵处，单击 确定 按钮，如图8-45
所示，效果如图8-46所示。

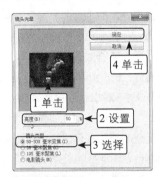

图8-45 设置镜头光晕

图8-46 添加镜头光晕的效果

❼ 继续选择【滤镜】→【渲染】→【镜头光
晕】命令，打开"镜头光晕"对话框，为其
他花朵添加镜头光晕。在添加时可以根据花
朵的大小来分别调整不同的亮度参数，效果
如图8-47所示。

图8-47 添加镜头光晕

❽ 选择【图像】→【调整】→【色相/饱和度】
命令，打开"色相/饱和度"对话框，设置
参数，单击 确定 按钮，如图8-48所
示，完成花灯的制作。

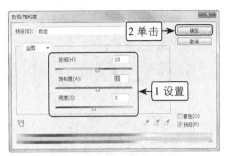

图8-48 调整色相和饱和度

❾ 选择【文件】→【存储为】命令，保存文件。

⏱ 想一想

除了可使用步骤中的方法将图像整体色彩
调暗，并提出花朵的红色外，还可使用其他什
么方法得到相似的效果？

8.1.2 调整图像特殊颜色

在Photoshop CS6中，用户不仅可以对图像
的色调和颜色进行调整，还可以将图像处理成
一些特殊的颜色效果。

1. 去色

使用"去色"命令可以丢弃图像中的色
彩信息，使图像以灰度图显示。选择【图像】
→【调整】→【去色】命令即可为图像去掉颜
色，如图8-49所示。

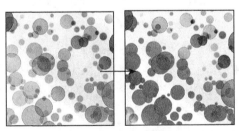

图8-49 去色前后的对比效果

2. 阴影/高光

使用"阴影/高光"命令可以对图像中的阴
影或高光部分分别进行调整。选择【图像】→
【调整】→【阴影/高光】命令，打开如图8-50
所示的"阴影/高光"对话框。

图8-50 "阴影/高光"对话框

其中部分选项含义如下。

◎ **"阴影"栏**：用来增加或降低图像中的暗部色调。

◎ **"高光"栏**：用来增加或降低图像中的高光部分。

在"阴影/高光"对话框中将向日葵图像的阴影数量设置为0后的效果如图8-51所示。

图8-51 降低阴影

3. 通道混合器

使用"通道混合器"命令可以分别对通道中的颜色进行调整。选择【图像】→【调整】→【通道混合器】命令，打开如图8-52所示的"通道混合器"对话框。

图8-52 "通道混合器"对话框

其中部分选项介绍如下。

◎ **"输出通道"下拉列表框**：单击其右侧的按钮 ，在弹出的下拉列表中选择要调整的颜色通道。不同颜色模式的图像，下拉列表中颜色通道的选项也不相同。

◎ **"源通道"栏**：拖动下方的颜色通道滑块，可调整源通道在输出通道中所占的颜色百分比。

◎ **"常数"数值框**：用于调整输出通道的灰度值。负值将增加更多的黑色；正值将增加更多的白色。

◎ **"单色"复选框**：选中该复选框，可以将图像转换为灰度模式图像。

通过"通道混合器"对话框对图像的通道进行颜色调整的效果如图8-53所示。

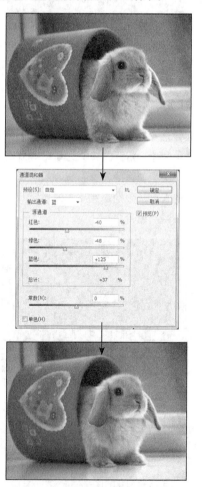

图8-53 使用"通道混合器"命令调整颜色

4. 渐变映射

使用"渐变映射"命令可以使用渐变颜色对图像的颜色进行调整。选择【图像】→【调整】→【渐变映射】命令，打开"渐变映射"对话框，如图8-54所示。

图8-54 "渐变映射"对话框

各选项的含义如下。

◎ **"灰度映射所用的渐变"栏**：在其中可以选择要使用的渐变色，也可单击渐变条打开"渐变编辑器"对话框，在其中编辑所需的渐变颜色。

◎ **"仿色"复选框**：选中该复选框，将实现仿色渐变。

◎ **"反向"复选框**：选中该复选框，将实现反转渐变。

5. 反相

"反相"命令用于反转图像中的颜色信息，常用于制作胶片的效果。使用该命令可以创建边缘蒙版，以便向图像的选定区域应用锐化和其他调整。当再次使用该命令时，即可还原图像颜色。

6. 色调分离

使用"色调分离"命令，可以指定图像中每个通道的色调级（或亮度值）的数目，然后将像素映射为最接近的匹配级别。

> ！ 提示：对灰度图像使用"色调分离"命令能产生较显著的艺术效果。

7. 色调均化

使用"色调均化"命令能重新分布图像的亮度值，以便更均匀地呈现所有范围的亮度值。选择【图像】→【调整】→【色调均化】

命令，图像中的最亮值呈现为白色，最暗值呈现为黑色，中间值则均匀地分布在整个图像灰度色调中。

8. 阈值

使用"阈值"命令可以将一张彩色或灰度图像调整成高对比度的黑白图像，该命令常用于确定图像的最亮区域和最暗区域。

选择【图像】→【调整】→【阈值】命令，打开"阈值"对话框。该对话框中显示了当前图像亮度值的坐标图，用鼠标拖动滑块或者在"阈值色阶"右侧的数字框中输入数值可设置阈值，其取值在1~255之间，完成后单击 [确定] 按钮，效果如图8-55所示。

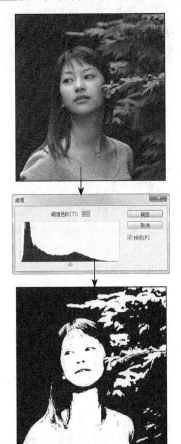

图8-55 调整阈值

9. 变化

使用"变化"命令可让用户直观地调整图

像或选区，改变图像的色彩平衡、对比度和饱和度。选择【图像】→【调整】→【变化】命令，打开如图8-56所示的"变化"对话框。

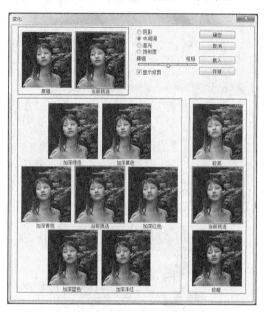

图8-56 "变化"对话框

相关选项的含义如下。

◎ **"阴影"单选项**：选中该单选项后将对图像中的阴影区域进行调整。

◎ **"中间色调"单选项**：选中该单选项后将对图像中的中间色调区域进行调整。

◎ **"高光"单选项**：将对图像中的高光区域进行调整。

◎ **"饱和度"单选项**：选中该单选项后将调整图像的饱和度。

10. 案例——制作石板画

本案例将对图8-57所示的"荷花"图像进行调整，制作如图8-58所示的石板画效果。通过该案例的制作，可以掌握"反相"等调色命令的用法。

素材\第8课\课堂讲解\荷花.jpg、
岩石.jpg
效果\第8课\课堂讲解\石板画.psd

图8-57 原图

图8-58 石板画效果

❶ 打开"荷花.jpg"和"岩石.jpg"素材文件，使用移动工具将"荷花"图像拖动到"岩石"文件中，如图8-59所示。

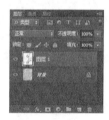

图8-59 拖动文件

❷ 按【Ctrl+T】组合键，调整图层1的大小和位置，使其覆盖整个画面，按【Enter】键确定。

❸ 按【Ctrl+A】组合键全选图像，按【Ctrl+C】组合键复制选区内的图像；切换到"通道"面板，单击下方的"创建新通道"按钮，新建Alpha 1通道，按【Ctrl+V】组合键将图像粘贴到通道中，如图8-60所示。

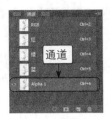

图8-60 新建通道

图8-63 复制背景图层中的选区部分

❹ 按【Ctrl+D】组合键取消选区，按【Ctrl+L】组合键打开"色阶"对话框，设置Alpha 1通道的参数，单击 确定 按钮，如图8-61所示。得到黑白对比强烈的效果。

图8-61 调整色阶

❺ 按【Ctrl+I】组合键对图像进行反相，效果如图8-62所示。

图8-62 反相

❻ 按住【Ctrl】键的同时单击Alpha 1通道的通道缩略图，载入该通道的选区。切换到"图层"面板，选择背景图层，按【Ctrl+J】组合键复制选区中的图像到自动生成的图层2中。单击图层1前的 图标，隐藏图层1。该步骤如图8-63所示。

❼ 双击图层2，在打开的"图层样式"对话框中选中"斜面和浮雕"复选框，设置如图8-64所示的参数，阴影模式的颜色为土色（R:116,G:62,B:25）。

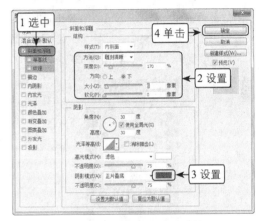

图8-64 设置斜面和浮雕参数

❽ 选中"内阴影"复选框，设置参数，其中混合模式的颜色设置为土色（R:116,G:62,B:25），单击 确定 按钮，如图8-65所示。得到的效果如图8-66所示。

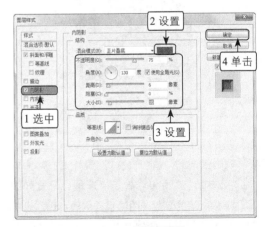

图8-65 设置内阴影

图8-66　设置后的效果

❾　按住【Ctrl】键的同时单击图层2的缩略图，
　　载入选区，新建图层3。按【D】键恢复默认
　　的前景色和背景色，按【Alt+Delete】组合
　　键为选区填充黑色，在"图层"面板中设置
　　不透明度为"3%"，如图8-67所示。

图8-67　新建图层并填充

❿　按【Ctrl+D】组合键取消选区后得到如图
　　8-68所示的效果。

图8-68　图像效果

⓫　双击图层3，在打开的"图层样式"对话框
　　中选中"斜面和浮雕"复选框，设置如图
　　8-69所示的参数，阴影模式的颜色仍然设置
　　为土色（R:116,G:62,B:25）。

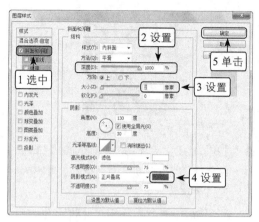

图8-69　设置阴影和浮雕

⓬　选中"纹理"复选框，设置参数，单击
　　确定按钮，如图8-70所示。

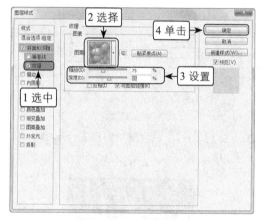

图8-70　设置纹理

⓭　单击图层1前的 图标，显示隐藏的图层1，
　　设置该图层的混合模式为"变亮"，不透明
　　度为"10%"，如图8-71所示，完成石板画
　　的制作。

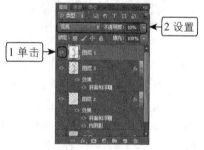

图8-71　调整图层1

8.2 上机实战

本课上机实战将分别调整"园林后期"图像和"婚纱照"图像的色彩，综合练习本课所学的知识点。

上机目标如下。

◎ 熟练掌握为图像调整颜色的方法。

◎ 理解使用调色方法的原理。

◎ 熟练掌握调出特殊颜色的操作方法。

建议上机学时：4学时。

8.2.1 矫正园林后期图

1. 实例目标

本例要求对图8-72所示的园林图进行调色，矫正其偏红的色彩，效果如图8-73所示。通过本例的操作，应熟练掌握调整图像色彩的方法。

素材\第8课\上机实战\园林后期.psd

效果\第8课\上机实战\园林后期.psd

演示\第8课\矫正"园林后期"图像.swf

图8-72　原图

图8-73　效果图

2. 专业背景

在使用三维工具渲染后期图时，往往并不能一次就得到需要的效果，通常还需将渲染出的图片导入到Photoshop中进行编辑，调整一些偏色问题。

3. 操作思路

根据上面的操作要求，本例的操作思路如图8-74所示。

1）调整色彩平衡

2）调整阴影和高光

3）设置照片滤镜

图8-74　编辑"园林后期"效果图的操作思路

本例的主要操作步骤如下。

❶ 打开"园林后期.psd"图像，观察后发现该图存在过多的红色，缺少绿色，阴影区域过暗。

❷ 打开"色彩平衡"窗口，在其中进行调整，去除图像中过多的红色，增加图像中绿色，以真实反映树木的颜色。

❸ 通过"阴影/高光"命令增加图像中暗部区域的亮度。

❹ 通过"照片滤镜"命令为图像增加一点暖色调，以增加黄昏的感觉。

8.2.2 制作怀旧老照片

1. 实例目标

本例要求对图8-75所示的婚纱照进行调色，将其调整为怀旧的色彩，效果如图8-76所示。通过本例的操作，应熟练掌握调整图像色彩的方法。

素材\第8课\上机实战\婚纱照.jpg
效果\第8课\上机实战\怀旧婚纱照.psd
演示\第8课\制作怀旧老照片.swf

图8-75 原图

图8-76 效果图

2. 专业背景

复古是一种时尚，怀旧是一种感觉。在影楼摄影中，经常会有客户希望制作怀旧风格的照片，但又不希望一片黑与白。因此需要在去掉图像的彩色时，保留一种单色，如红或绿等。

3. 操作思路

根据上面的操作要求，本例的操作思路如图8-77所示。

1）去色

2）添加红色减少青色

3）添加泛白效果

图8-77 制作怀旧照片的操作思路

本例的主要操作步骤如下。

❶ 选择【图像】→【调整】→【去色】命令，使图像去色。

❷ 选择【图像】→【调整】→【色彩平衡】命令，减少青色，添加一点红色。

❸ 新建图层1，将图层混合模式设置为"叠加"。使用柔角的圆笔刷，在图像的边角上多次单击，使其出现泛白的效果。

❹ 制作完成后保存图片。

8.3 常见疑难解析

问：如何在"色阶"对话框中同时调整多个通道？

答：若要同时编辑多个颜色通道，可在选择"色阶"命令之前，按住【Shift】键在"通道"面板中选择这些通道，再打开"色阶"对话框，在其"通道"菜单中即会显示目标通道的缩写，如图8-78所示。

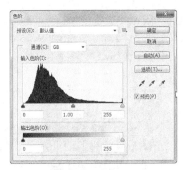

图8-78 同时调整多个通道

问：为什么使用"色阶"命令调整偏色时，单击图像中的黑色和白色部分就可以清除偏色呢？

答：根据色彩理论，只要将取样点的RGB值调整为R=G=B，整个图像的偏色就可以得到校正。使用黑色吸管单击原本是黑色的图像，可将该点的颜色设置为黑色，即R=G=B。并不是所有的点都可作为取样点，因为彩色图像中需要各种颜色的存在，而这些颜色的RGB值并不相等。因此，应尽量将无彩色的黑、白、灰作为取样点。在一般的图像中，通常黑色（如头发、瞳孔）、灰色（如水泥柱）、白色（如白云、头饰等）都可以作为取样点。

问：使用"自动颜色"命令能达到什么效果呢？

答：该命令可以通过判断图像中的明暗程度来表现图像的暗调、中间调和高光，以自动调整图像的对比度和颜色。执行该命令后无需进行参数调整。

问：在处理一张曝光过度的照片时，有没有快速地使照片恢复正常的方法？

答：无论照片是曝光过度或者曝光不足，选择【图像】→【调整】→【阴影/高光】命令都可以使照片恢复到正常的曝光状态。"阴影/高光"命令不是单纯地使图像变亮或变暗，而是通过计算，对图像局部进行明暗处理。

问：为什么有时想用"变化"命令对图像进行调色时，"变化"命令不可用呢，要怎么解决呢？

答：在图像窗口标题栏中查看图像模式是否为"索引"模式或者"位图"模式，因为"变化"命令不能用在这两种颜色模式的图像上。选择【图像】→【模式】→【RGB颜色】命令，将图像模式转换成RGB模式，就可以使用"变化"命令调整颜色。

问："反相"命令是调整图像哪方面的命令？

答：使用"反相"命令可以将图像的色彩反转，而且不会丢失图像的颜色信息。当再次使用该命令时，图像即可还原，常用于制作底片效果。

8.4 课后练习

（1）本练习要求对"自行车"图像进行编辑，制作怀旧色彩，效果对比如图8-79所示。制作该效果首先要调整出基本的偏红的黄色调，再通过"色相/饱和度"命令进行修饰。

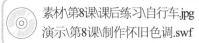
素材\第8课\课后练习\自行车.jpg　　效果\第8课\课后练习\怀旧色调.psd
演示\第8课\制作怀旧色调.swf

图8-79　制作怀旧色彩

（2）本练习将哈密瓜图像调整为一种底片效果，如图8-80所示。制作该图像效果首先要去除原图像的颜色，然后再进行反相处理，最后调整图像整体色调。

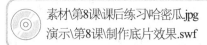
素材\第8课\课后练习\哈密瓜.jpg　　效果\第8课\课后练习\底片效果.psd
演示\第8课\制作底片效果.swf

图8-80　制作底片效果

第9课
使用路径和形状

学生：老师，在Photoshop中使用画笔工具绘制图形时，会产生很多锯齿，有没有什么绘制方法可以不产生锯齿呢？

老师：在Photoshop中可以使用路径工具绘制矢量图形。

学生：该怎样绘制呢？

老师：这涉及钢笔工具组中的路径绘制工具的使用，这节课就要讲解相关知识。

学生：那我们开始学习吧！

学习目标

▶ 了解路径和形状

▶ 掌握路径和形状的绘制方法

▶ 掌握路径和形状的编辑方法

▶ 掌握各种路径工具的使用方法

9.1 课堂讲解

本课将主要讲解路径的基本概念、钢笔工具的使用方法、路径的编辑、"路径"面板的使用和形状工具的使用等知识。

9.1.1 创建路径

路径的实质是以矢量方式定义的线条轮廓，它可以是一条直线、一个矩形、一条曲线以及各种形状的线条，这些线条可以是闭合的也可以是不闭合的。下面具体讲解。

1. 认识路径

路径是可以转换为选区并可以使用颜色填充和描边的轮廓，它包括有起点和终点的开放式路径，如图9-1所示，以及没有起点和终点的闭合式路径，如图9-2所示。路径也可由多个相互独立的路径组成，如图9-3所示。

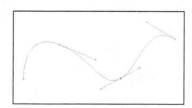

图9-1 有起点和终点的路径

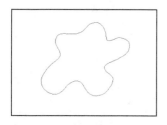

图9-2 没有起点和终点的路径

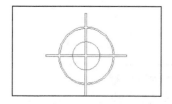

图9-3 多个路径

2. 认识锚点

路径由直线路径段或曲线路径段组成，它

们通过锚点连接。锚点有两种，即平滑点和角点。平滑点可连接平滑的曲线，如图9-4所示；角点连接呈角的直线或者转角曲线，如图9-5所示。锚点上有方向线，用于调整曲线的形状。

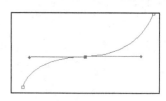

图9-4 平滑点

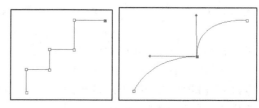

图9-5 角点

3. 使用钢笔工具

钢笔工具 属于矢量绘图工具，使用该工具可以直接绘制出直线路径和曲线路径。单击工具箱中的钢笔工具 ，其对应的工具属性栏如图9-6所示。

图9-6 钢笔工具属性栏

✏ **绘图模式**

在钢笔工具属性栏中单击 路径 ▾ 按钮，在弹出的列表中可选择绘图模式，如图9-7所示，包含路径、形状、像素3种。选择的绘图模式不同，钢笔工具属性栏中的命令也会发生改变。

> ⚠ 提示：在Photoshop中选择钢笔工具或形状等矢量绘图工具时，均可选择这3种绘图模式。

图9-7　绘图模式

◎ 选择"形状"选项后可在单独的形状图层中创建形状，工具属性栏如图9-8所示，在其中可设置形状的填充和描边属性。形状是一个矢量图形，它同时出现在"图层"面板和"路径"面板中，如图9-9所示。

图9-8　工具属性栏

图9-9　"图层"面板和"路径"面板

◎ 选择"路径"选项后可创建工作路径，并在"路径"面板中出现相应的工作路径，如图9-10所示。选择"路径"并绘制路径后，可在其后的属性中单击 选区… 按钮、 蒙版 按钮或 形状 按钮，分别将路径转换为选区、矢量蒙版或形状图层。图9-11所示为路径图形和选区图形，图9-12所示为矢量蒙版图层和形状图层。

图9-10　"图层"面板和"路径"面板

图9-11　路径图形和选区图形

图9-12　矢量蒙版图层和形状图层

◎ 选择"像素"选项后，可在当前图层上绘制位图图形，其填充色为前景色。因为绘制的是位图，所以不会在"路径"面板中出现相应的路径图层。该选项不能应用于钢笔工具，即在钢笔工具属性栏中无法选择该选项。

✎ 绘制直线路径

❶ 选择工具箱中的钢笔工具 ，在工具属性栏中选择"路径"选项。

❷ 在图像窗口中需要绘制直线的位置处单击鼠标左键，创建直线路径第1个锚点，移动鼠标指针至另一位置处单击，即可在该点与起点间绘制一条直线路径，如图9-13所示。

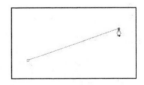

图9-13　创建直线路径

❸ 继续单击可以绘制其他相连接的直线段。

❹ 将鼠标指针移到路径的起点处，此时鼠标指针将变成 形状，单击鼠标即可创建一条封闭的路径，如图9-14所示。

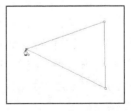

图9-14　闭合路径

✎ 绘制曲线路径

❶ 在图像窗口中按住鼠标左键不放并拖动，创

建路径上的第一个锚点，同时出现控制手柄，如图9-15所示。该手柄用来控制第一个锚点曲线段的弯曲度和方向。

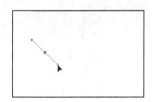

图9-15　创建平滑点

❷ 在要创建第二个锚点的位置按住鼠标左键不放并拖动，如图9-16所示，创建曲线，依此类推，继续创建路径上的其他曲线段。

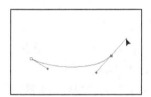

图9-16　创建曲线路径

> 提示：在实际绘制的过程中可结合角点和平滑点的绘制方法，绘制包含曲线和直线的路径。

钢笔工具使用技巧

在使用钢笔工具 时，鼠标指针在路径和锚点上的不同位置会呈现不同的显示状态，具体介绍如下。

◎ ：当指针显示为该形状时，单击可创建一个角点，按住左键并拖动鼠标可创建一个平滑点。

◎ ：在工具属性栏中选中"自动添加/删除"复选框后，当鼠标指针在路径上显示为该形状时，单击可在该处添加锚点。

◎ ：选中"自动添加/删除"复选框后，当鼠标指针在锚点上显示为该形状时，单击可删除该锚点。

◎ ：在绘制路径的过程中，将鼠标指针移至路径起始的锚点处，此时指针变为该形状，单击可闭合路径。

◎ ：选择一个开放式路径，将鼠标指针移至该路径的一个端点上，当鼠标指针显示为该形状时单击，然后即可继续绘制该路径，如图9-17所示；若在绘制路径的过程中将钢笔工具移至另一条开放路径的端点上，鼠标指针显示为该形状时单击，可将这两段开放式路径连接成为一条路径，如图9-18所示。

图9-17　单击继续绘制路径

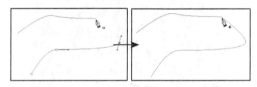

图9-18　连接两段路径

4. 使用自由钢笔工具

单击工具箱中的自由钢笔工具 ，在图像编辑区域按住鼠标左键不放，然后拖动鼠标进行绘制即可，如图9-19所示。

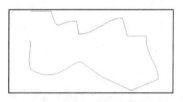

图9-19　创建自由路径

自由钢笔工具 和钢笔工具 对应的工具属性栏大致相同，不同之处在于自由钢笔工具的属性栏出现了"磁性的"复选框，鼠标指针呈 形状。当选中该复选框后，在拖动创建路径时会产生一系列的锚点，如图9-20所示，此时双击鼠标左键可闭合路径。

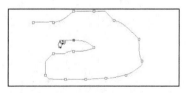

图9-20　路径上产生众多磁性锚点

自由钢笔工具 与磁性套索工具 非常相似，在使用时，只须在对象边缘单击，然后沿对象边缘拖动指针，即可紧贴对象轮廓生成路径。在其工具属性栏中单击 按钮，可打开如图9-21所示的下拉面板，部分参数介绍如下。

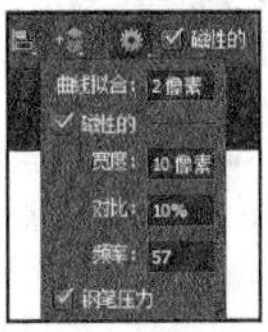

图9-21　工具面板

◎ "曲线拟合"选项：用于控制最终路径对鼠标或压感笔移动的灵敏度，该值越高，生成的锚点越少，路径也越简单。

◎ "磁性的"复选框："宽度"用于设置磁性钢笔工具的检测范围，值越高，工具的检测范围就越广；"对比"用于设置工具对图像边缘的敏感度，若图像的边缘与背景的色调比较接近，可将该值设置得大一些；"频率"用于确定锚点的密度，值越高，锚点的密度越大。

◎ "钢笔压力"复选框：若计算机配置了数位板，可选择"钢笔压力"选项，然后通过钢笔压力控制检测宽度。钢笔压力的增加将导致工具的检测宽度减小。

9.1.2　编辑路径

在使用钢笔工具进行绘制时，经常需要反复对绘制的路径进行修改，以达到绘制正确路径的效果。下面讲解如何编辑路径。

1. 使用路径选择工具

使用路径选择工具 可以选择和移动整个子路径。单击工具箱中的路径选择工具 ，将鼠标指针移动到需选择的路径上单击，即可选中整个子路径，如图9-22所示；按住鼠标左键不放并拖动，即可移动路径；移动路径时若按住【Alt】键不放再拖动鼠标，则可以复制路径，如图9-23所示。

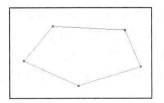

图9-22　选择路径

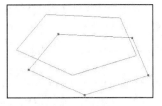

图9-23　复制路径

2. 使用直接选择工具

使用直接选择工具 可以选取或移动某个路径中的部分路径，将路径变形。选择工具箱中的直接选择工具 ，在图像中拖动鼠标框选所要选择的路径及锚点，如图9-24所示，即可选择包括锚点在内的路径段。被选中的部分锚点为实心方块，未被选中的路径锚点为空心方块，如图9-25所示。单击一个锚点也可将该锚点选中；单击一个路径段时，可选中该路径段。

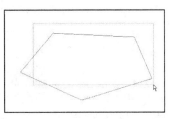

图9-24　框选路径段

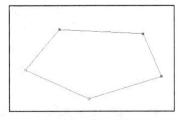

图9-25　选中的锚点

3. 添加或删除锚点

锚点控制着路径的平滑度，适当设置锚点

有助于路径的编辑，所以在编辑路径时应根据需要在路径上增加或删除锚点。

增加与删除锚点的方法如下。

◎ 单击工具箱中的钢笔工具 或添加锚点工具 ，将鼠标指针移动到路径上单击，即可增加一个锚点。

◎ 单击工具箱中的钢笔工具 或删除锚点工具 ，将鼠标指针移动到路径要删除的锚点处并单击，即可删除该锚点。

4. 改变锚点性质

转换点工具 可以使路径在平滑曲线和直线之间相互转换，还可以调整曲线的形状。单击工具箱中的转换点工具 ，按住鼠标左键不放并拖动即可调整曲线的弧度，如图9-26所示，可分别拖动控制线两边的调节杆调整其长度和角度，从而达到修改路径形状的目的。如果用转换点工具单击平滑锚点，可以将其转换成角锚点后再进行编辑。

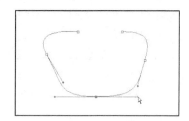

图9-26　调整曲线弧度

> 技巧：使用直接选择工具 时，按住【Ctrl+Alt】组合键，可转换为转换点工具 ，进行编辑锚点的操作；使用钢笔工具 时，将鼠标指针移至锚点上，按住【Alt】键也可转换为转换点工具 ，进行锚点的编辑操作。

5. 填充路径

填充路径是指用指定的颜色、图案或者"历史记录"面板中的状态填充路径包围的区域。在"路径"面板中选择需要填充的路径，然后单击"路径"面板右上方的 按钮，在弹出的菜单中选择"填充路径"命令，如图9-27

所示，即可打开"填充路径"对话框，如图9-28所示。

图9-27　选择命令

图9-28　"填充路径"对话框

"填充路径"对话框中的部分参数含义如下。

◎ **"使用"下拉列表框**：用于设置要填充的内容（如前景色、背景色或图案等）。

◎ **"模式"下拉列表框**：用于设置填充图层的模式。

◎ **"不透明度"数值框**：用于设置填充图层的不透明度。

◎ **"保留透明区域"复选框**：选中该复选框，可以将填充限制为包含像素的区域。

◎ **"羽化半径"数值框**：控制填充路径时，路径边缘的虚化程度。

6. 描边路径

描边路径就是使用一种图像绘制工具或修饰工具沿着路径绘制图像或修饰图像，其具体操作方法如下。

❶ 在"路径"面板中选择要描边的路径图层，单击右上角的 按钮，在弹出的菜单中选择"描边路径"命令，如图9-29所示。

❷ 打开"描边路径"对话框，在"工具"下拉列表框中选择描边的工具，选择是否

"模拟压力",如图9-30所示,最后单击 <u>　确定　</u> 按钮即可。

图9-29　选择命令

图9-30　"描边路径"对话框

> 提示:使用路径工具在路径上单击鼠标右键,在弹出的快捷菜单中也可选择"填充路径"命令和"描边路径"命令,如图9-31所示。

图9-31　快捷菜单

7.路径和选区的转换

在Photoshop中可以直接将路径转换为选区,也可以将选区转换为路径。创建选区,然后单击"路径"面板底部的"从选区生成工作路径"按钮 ,如图9-32所示,即可将选区转换成路径,如图9-33所示。

图9-32　单击"从选区生成工作路径"按钮

图9-33　选区变成路径

要将路径转换为选区,只须单击"路径"面板底部的"将路径作为选区载入"按钮 ,即可将路转换成选区。

8.路径的运算

在使用魔棒或快速选择等工具选取对象时,通常需要对选区进行相加、相减等运算。在使用钢笔工具或形状工具时,也需要对路径进行相应的加减运算,才能获得符合要求的路径。

单击工具属性栏中的"路径操作"按钮 ,可在弹出的下拉列表中选择路径运算方式,如图9-34所示,各选项介绍如下。

图9-34　路径操作

- ◎ **新建图层**:选择该项,可创建新的路径层。
- ◎ **合并形状**:选择该项,新绘制的图形会与现有的图形合并。
- ◎ **减去顶层形状**:选择该项,可从现有的图形中减去新绘制的图形。
- ◎ **与形状区域相交**:选择该项,得到的图形为新图形与现有图形相交的区域。
- ◎ **排除重叠形状**:选择该项,得到的图形为排除重叠区域的合并路径。
- ◎ **合并形状组件**:选择该项,可以合并重叠的路径组件。

9.路径的变换

在"路径"面板中选择路径,选择【编辑】→【变换路径】命令,在其子菜单中可选择一项命令,显示定界框,拖动定界框的控制点可对路径进行缩放、旋转、斜切、扭曲等变换操作。路径的变换操作与图像的变换操作相同。

> 技巧：使用路径选择工具选择多个路径后，在工具属性栏中单击"路径对齐方式"按钮，在打开的菜单中可选择一种方式对齐或分布这些路径，如图9-35所示。

图9-35　对齐路径

> 技巧：选择一个路径后，单击工具属性栏中的"路径排列方式"按钮，可在打开的菜单中选择一种方式，可调整路径堆叠顺序，如图9-36所示。

图9-36　堆叠路径

10. 存储路径

用户可存储绘制好的路径或选区，以便下次直接调用。

❶ 选择绘制好的路径，在"路径"面板中选择路径所在的图层，单击右上角的按钮，在弹出的菜单中选择"新建路径"命令，如图9-37所示。

图9-37　选择命令

❷ 此时将打开如图9-38所示的"新建路径"对话框，在"名称"文本框中输入名称，单击

按钮即可存储路径。

图9-38　存储路径

11. 案例——绘制信封图像

本案例将使用钢笔工具绘制一个信封图像，效果如图9-39所示。制作过程涉及锚点的转换、添加、删除，以及将路径转换为选区等操作。

 效果\第9课\课堂讲解\信封.psd

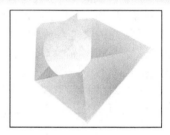

图9-39　绘制信封

❶ 按【Ctrl+O】组合键打开"新建"对话框，设置名称为"信封"，宽为"800"，高为"600"，单击"确定"按钮，如图9-40所示。

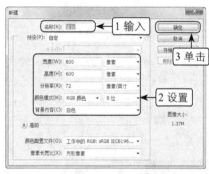

图9-40　新建文件

❷ 新建图层1，选择钢笔工具，在图像窗口中需要绘制直线的位置处单击，创建直线路径的第1个锚点，移动鼠标指针至另一位置处单击，绘制出一条直线路径，如图9-41所示。

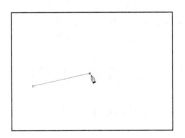

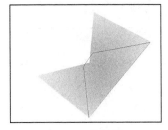

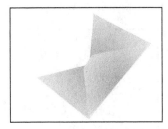

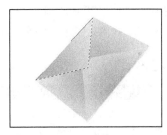

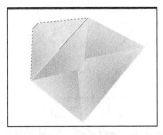

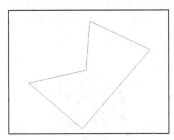

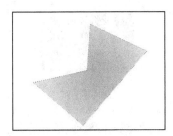

图9-41 绘制路径

❸ 继续拖动鼠标单击,绘制如图9-42所示的信封形状。

图9-42 绘制信封的路径形状

❹ 按【Ctrl+Enter】组合键将路径转换为选区。选择渐变工具,在属性栏中设置渐变颜色从(R:222,G:177,B:52)到(R:251,G:227,B:41),单击"径向渐变"按钮,如图9-43所示。

图9-43 设置填充属性

❺ 在选区中填充径向渐变,效果如图9-44所示,按【Ctrl+D】组合键取消选区。

图9-44 填充渐变

❻ 新建图层2,使用钢笔工具绘制如图9-45所示的路径,按【Ctrl+Enter】组合键将其转换为选区,然后使用填充工具为其填充渐变,按【Ctrl+D】组合键取消选区,如图

9-46所示。

图9-45 绘制路径

图9-46 填充渐变

❼ 新建图层3,使用同样的方法绘制路径并进行填充,效果如图9-47所示,然后在"图层"面板中将图层3移动到图层2之下。

图9-47 绘制路径并填充

❽ 在图层3上新建图层4,继续绘制信封,效果如图9-48所示。

图9-48 继续绘制

❾ 在图层4上新建图层5,使用钢笔工具绘制一个多边形,如图9-49所示。使用转换点工具按住左侧的锚点进行拖动,对曲线做编辑,

对右侧锚点也进行编辑，如图9-50所示，得到一个曲线图形。

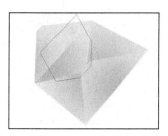

图9-49　绘制多边形

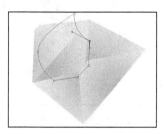

图9-50　调整曲线

⑩　按【Ctrl+Enter】组合键将曲线转换为路径，选择渐变工具，在其属性栏中将渐变设置为灰色（R:222,G:222,B:222）到白色（R:255,G:255,B:255）的线性渐变，如图9-51所示。

图9-51　设置填充属性

⑪　在图像的选区中进行填充，效果如图9-52所示。按【Ctrl+D】组合键取消选区。

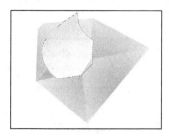

图9-52　填充线性渐变

⑫　查看图像，进行调整，调整完成后保存图像即可。

🕐 试一试

选择钢笔工具，绘制过程中按住鼠标左键

并拖动，可以直接绘制出曲线图形。

🕐 想一想

是否有其他更快捷地绘制信封的方法？

9.1.3　使用形状工具

在工具箱中的"自定义形状工具"按钮 处单击鼠标右键，将显示出相关的形状绘制工具，如图9-53所示。形状绘制工具组中包括矩形工具 、圆角矩形工具 、椭圆工具 、多边形工具 、直线工具 以及自定义形状工具 6种工具。下面将具体讲解。

图9-53　形状工具组

1．矩形工具

矩形工具用于绘制矩形和正方形。选择该工具后，在绘图区域按住鼠标左键不放并拖动鼠标即可创建矩形。按住【Shift】键不放可绘制正方形；按住【Alt】键不放并拖动可以以单击点为中心向外创建矩形；按住【Shift+Alt】组合键进行绘制可以以单击为中心向外创建正方形。

在工具属性栏中单击 按钮，将打开如图9-54所示的面板，在其中可设置矩形的创建方法，具体介绍如下。

图9-54　矩形工具的属性

◎　"不受约束"单选项：选择该单选项后，可通过拖动鼠标创建任意大小的矩形和正方形。

◎　"方形"单选项：选择该单选项后，拖动鼠标时只能创建任意大小的正方形。

◎　"固定大小"：勾选该项并在它右侧的文本框中输入数值（W为宽度，H为高度），此后单击时，只创建预设大小的矩形。

◎ **"比例"单选项**：勾选该项并在它右侧的文本框中输入数值（W为高度比例，H为宽度比例），此后拖动鼠标时，无论创建多大的矩形，矩形的高度和宽度都保持预设的比例。

◎ **"从中心"复选框**：勾选该复选框后，以任何方式创建矩形时，鼠标在画面中的单击点即为矩形的中心，拖动鼠标时矩形将由中心向外扩展。

◎ **"对齐边缘"复选框**：勾选该复选框后，矩形的边缘与像素的边缘重合，图形的边缘不会出现锯齿；取消勾选该项时，矩形边缘会出现模糊的像素。

2. 圆角矩形工具

圆角矩形工具用于创建圆角矩形，它的使用方法以及工具属性栏中的选项都与矩形工具相同。不同之处在于圆角矩形的工具属性栏还包含"半径"选项，用于设置圆角半径，值越高，圆角越广，如图9-55所示。

图9-55　10像素和30像素的圆角矩形

3. 椭圆工具

椭圆工具用于创建椭圆形和圆形，其使用方法以及工具属性栏中的相关属性与矩形工具相同，这里不再赘述。

4. 多边形工具

多边形工具用于创建多边形和星形。选择该工具后，在工具属性栏的"边"数值框中设置多边形或星形的变数，范围为3～100，然后再进行绘制。单击 ⚙ 按钮将打开如图9-56所示的面板，具体介绍如下。

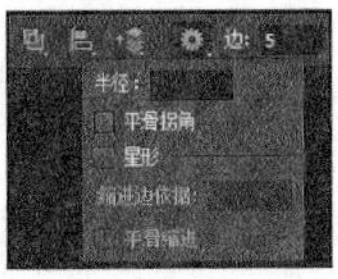

图9-56　多边形工具的属性

◎ **"半径"选项**：用于设置多边形或星形的半径长度，此后单击左键并拖动鼠标时将创建指定半径值的多边形或星形。

◎ **"平滑拐角"复选框**：选中该复选框后可创建具有平滑拐角的多边形和星形。

◎ **"星形"复选框**：选中该复选框可创建星形。在"缩进边依据"数值框中可设置星形边缘向中心缩进的程度，值越高，缩进量越大。选中"平滑缩进"复选框，可使星形的边平滑地向中心缩进。

5. 直线工具

直线工具用于创建直线和带有箭头的线段。选择该工具，在绘图区域单击并拖动鼠标可创建直线或线段，按住【Shift】键可创建水平、垂直或以45°角为增量的直线，在其工具属性栏的"粗细"数值框中可设置直线的粗细。单击 ⚙ 按钮将打开如图9-57所示的面板，具体介绍如下。

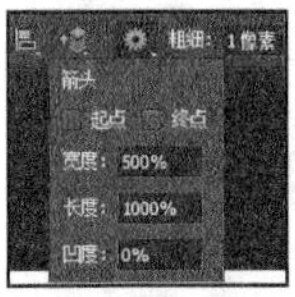

图9-57　直线工具的属性

◎ **"起点"、"终点"复选框**：选中"起点"复选框，可在直线的起点添加箭头；选中"终点"复选框，可在直线的终点添加箭头；全部选中，则起点和终点都会添加箭头。

◎ **宽度**：用于设置箭头宽度与直线宽度的百分比，范围为10%~1000%。

◎ **长度**：用于设置箭头长度与直线宽度的百分比，范围为10%~1000%。

◎ **凹度**：用于设置箭头的凹陷程度，范围为-50%~50%。当值为0%时，箭头尾部平齐；大于0%时，向内凹陷；小于0%时，向外凸出，如图9-58所示。

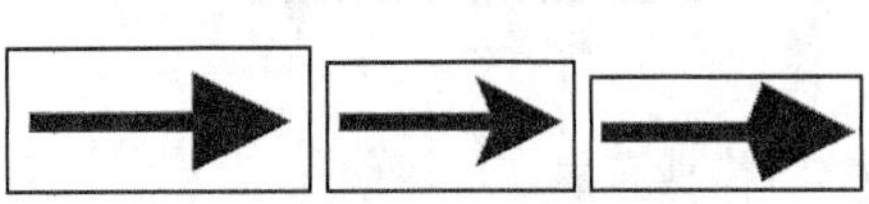

图9-58　箭头凹度

6. 自定形状工具

使用自定形状工具可创建Photoshop预设的、自定义或外部提供的形状。单击"形状"下拉列表框右侧的 按钮，在打开的列表框中选择一种形状，如图9-59所示，然后在绘图区域单击并拖动鼠标即可创建该图形。按住【Shift】键绘制可保持形状的比例。

图9-59 选择形状

> 技巧：在绘制矩形、圆形、多边形、直线和自定义形状时，在创建形状的过程中按下键盘中的空格键并拖动鼠标，可移动形状。

9.2 上机实战

本课上机实战将分别制作企业标志和卡通场景，综合练习本课学习的知识点，掌握钢笔工具组中各工具的使用方法。

上机目标如下。

◎ 熟练掌握钢笔工具的使用。

◎ 熟练掌握转换点工具的使用方法，以及添加和删除锚点的操作。

◎ 理解并掌握自定形状工具的作用。

建议上机学时：4学时

9.2.1 绘制企业标志

1. 实例目标

本例要求为一家外国化妆品公司制作一个标志，要求标志要具有可识别性，并且体现相关特性。本例完成后的参考效果如图9-60所示，主要运用了钢笔工具、转换点工具，以及自由变换操作等。

图9-60 企业标志

2. 专业背景

标志是一种具有象征性的大众传播符号，

它以精练的形象表达一定的涵义，并借助人们的符号识别、联想等思维能力，传达特定的信息。标志传达信息的功能很强，在一定条件下，甚至超过语言文字，因此它被广泛应用于现代社会的各个方面。由此，现代标志设计也就成为各设计院校或设计系所设立的一门重要设计课程。

对于企业标志的设计，需要有较高的识别性和代表性，才能让大众对企业有视觉识别效果。总得来说，企业标志的设计应该具备以下几个特点：

◎ **识别性**：识别性是企业标识设计的基本功能。借助独具个性的标识，来区别本企业及其产品。标识则是最具有企业视觉认知、识别的信息传达功能的设计要素之一。

◎ **领导性**：企业标识是企业视觉传达要素的核心，也是企业开展信息传达的主导力量。标识的领导地位是企业经营理念和经营活动的集中表现，贯穿和应用于企业的所有相关的活动中。

◎ **造型性**：企业标识设计造型的题材和形式丰富多彩，如中外文字体、抽象符号和几何图形等，因此标识造型变化就得以格外活泼生动。标识图形的优劣，不仅决定了标识传达企业情况的效力，还会影响到消费者对商品品质的信心以及对企业形象的认同。

◎ **延展性**：企业标识是应用最为广泛，出现频率最高的视觉传达要素，必须在各种传播媒体上广泛应用。标识图形要针对印刷方式、制作工艺技术、材料质地和应用项目的不同，采用多种对应性和延展性的变体设计，以产生切合、适宜的效果与表现。

◎ **系统性**：企业标识一旦确定，随之就应展开标识的精致化作业，其中包括标识与其他基本设计要素的组合规定。目的是对未来标识的应用进行规划，达到系统化、规范化、标准化的科学管理。从而提高设计作业的效率，保持一定的设计水平。

3. 操作思路

了解关于标志设计的相关专业知识后便可开始设计与制作了，根据上面的实例目标，本例的操作思路如图9-61所示。

效果\第9课\上机实战\企业标志.psd
演示\第9课\绘制"企业标志".swf

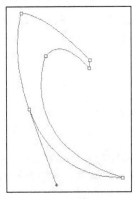
1）绘制路径

2）绘制其他对象

3）输入文字

图9-61　绘制企业标志的操作思路

❶ 先新建一个空白图像文件，使用钢笔工具绘制出一个多边形。

❷ 选择转换点工具，单击每一个锚点，调整锚点两端的控制柄进行曲线编辑。然后转换路径为选区，填充紫色。

❸ 复制一次绘制好的紫色图像，按【Ctrl＋T】组合键旋转图像，并放到画面的右侧。接着再复制一次该对象，选择【编辑】→【变换】→【水平翻转】命令，翻转图像后再适当调整其位置。

❹ 使用钢笔工具 绘制一个心形图形，填充为粉红色，然后使用横排文字工具在标志下方输入文字。

9.2.2　绘制卡通场景

1. 实例目标

本例将绘制一个卡通场景，画面是一个充满春意、绿油油的草地，完成后的参考效果如图9-62所示。本例主要通过钢笔工具、渐变工具和自定形状工具进行制作。

图9-62　卡通场景效果

2）绘制天空和其他图像

图9-63　绘制"卡通场景"的操作思路

2. 专业背景

在生活中，许多人以Photoshop为工具，创作出了丰富多彩的插图或漫画。在Photoshop中使用路径和形状可绘制矢量卡通漫画，这样无论如何拖动都不会使图像失真，同时便于在源文件中进行修改，从而节约时间。

3. 操作思路

在绘制卡通场景时，首先要确定画面的内容和色调，然后再根据构思进行绘制。根据上面的实例目标，本例的操作思路如图9-63所示。

1）绘制草地

效果\第9课\上机实战\卡通场景.psd
演示\第9课绘制"卡通场景".swf

本例的主要操作步骤如下。

❶ 新建一个空白的图像文件，新建图层后使用钢笔工具分别绘制几个多边形，转换路径为选区后，为选区做线性渐变填充，设置渐变颜色从淡绿色到绿色。

❷ 单击背景图层，选择渐变工具，在属性栏中设置渐变颜色从蓝色到白色，然后为背景做线性渐变填充。

❸ 结合钢笔工具和转换点工具，绘制出树丛图形，并对其做翠绿色系的渐变填充。

❹ 选择自定形状工具，在"形状"面板中找到花朵图形，在画面中绘制出花朵图像。

❺ 在画面顶部绘制一个椭圆选区，选择渐变工具，在属性栏中设置渐变颜色为彩虹渐变，然后在选区中拖动，得到彩虹渐变填充。最后使用橡皮擦工具擦除多余的彩虹图像，完成卡通场景的制作。

9.3　常见疑难解析

问：用钢笔工具勾选图像后，怎样抠图到新建的文件中去？

答：用钢笔工具勾出图像后，将路径转换为选区，然后新建一个文件，使用复制、粘贴或者直接拖动选区到新键文件等方法即可实现。

问：用直线工具画一条直线后，怎样设置直线由淡到浓的渐变？

答： 用直线工具画出直线后，有两种方法可以设置由淡到浓的渐变。一种是将其转换为选区，填充渐变色，设置前景色的渐变透明度。另一种方法是在直线上添加蒙版，用羽化喷枪把尾部喷淡，也可达到由淡到浓的渐变。

问： 打开绘制了路径的图像文件，怎么看不见绘制的路径呢？

答： 创建的路径文件，在打开该文件之后，要单击"路径"面板中相应的路径图层，才能在图像窗口中显示出路径。

9.4 课后练习

（1）打开光盘中提供的"背景.jpg"素材图像，使用钢笔工具绘制路径，并使用转换点工具编辑路径，然后对路径进行描边和填充处理，效果如图9-64所示。

素材\第9课\课后练习\背景.jpg　　效果\第9课\课后练习\网页图标.psd
演示\第9课\绘制"网页图标".swf

图9-64 绘制网页图标

（2）制作图9-65所示的标志，首先使用自定形状工具和渐变工具等制作出标志的基本图像，然后使用钢笔工具在标志中间绘制一个"M"图形，填充为黑色后，复制一次该图层，改变为白色，最后在标志下方输入两行文字，完成制作。

效果\第9课\课后练习\企业标志.psd
演示\第9课\制作企业标志.swf

图9-65 企业标志

第10课
文字的应用

学生：老师，在做海报、名片、招贴等涉及文字使用的作品时，该怎样设置文字呢？

老师：在这类作品中，文字和其中的图案相辅相成，特别是文字，起画龙点睛的作用。

学生：具体是指哪些方面呢？

老师：无论何种作品，文字的多少、大小、样式，以及文字排版的方式，都会影响作品的美观性。这节课我们就来学习如何输入并设置文字。

学生：那我们现在就开始吧！

学习目标

▶ 了解输入文字的方法和文字类型

▶ 掌握文字属性的设置

▶ 熟悉"字符"面板的设置

▶ 熟悉"段落"面板的设置

10.1 课堂讲解

本课主要讲解文字的各种创建方法和文字属性的编辑等知识。通过相关知识点的学习和案例的制作，可以初步掌握创建美术文字和选区文字的区别，以及如何创建段落文字、设置文字的大小、颜色、方向及形状等操作。

10.1.1 创建文字

Photoshop提供了丰富的文字输入和编排功能，掌握了文字工具的输入、设置以及调整方法，就能运用文字工具制作特殊的文字效果。

在Photoshop CS6中可以通过3种方法创建文字：在点上创建、在段落中创建、沿路径创建。并提供了4种文字工具，分别是横排文字工具■、直排文字工具■、横排文字蒙版工具■、直排文字蒙版工具■。

1. 创建文字

使用横排文字工具■或直排文字工具■在图像中单击后直接输入文字，称为在点上创建。直排文字工具■的参数设置和使用方法与横排文字工具■相同，使用横排文字工具■可以输入横向文字，使用直排文字工具■可以输入纵向的文字。单击工具箱的横排文字工具■，其工具属性栏如图10-1所示，其中部分选项含义如下。

图10-1 文字工具属性栏

◎ **"切换文本取向"按钮**■：单击该按钮可以在文字的水平排列状态和垂直排列状态之间进行切换。

◎ **"字体"下拉列表框**：该下拉列表框用于选择文字的字体。

◎ **"设置字体样式"下拉列表框**：字体样式是单个字体的变体，包括Regular（规则的）、Italic（斜体）、Bold（粗体）、Bold Italic（粗斜体）等，该选项只对英文字体有效。

◎ **"设置字体大小"下拉列表框**：用于选择字体的大小，也可直接在文本框中输入要设置字体的大小。

◎ **消除锯齿**：用于选择是否消除字体边缘的锯齿效果，以及用什么方式消除锯齿，如图10-2所示。选择【文字】→【消除锯齿】命令，在其子菜单中也可选择相应的消除锯齿命令。

图10-2 消除锯齿选项

◎ **"对齐方式"按钮组**：选择■按钮可以使文本向左对齐；选择■按钮，可使文本沿水平中心对齐；选择■按钮，可使文本向右对齐。

◎ **"设置文本颜色"选项**：单击色块，可打开"拾色器"对话框，用于设置字体的颜色。

◎ **"创建文字变形"按钮**■：单击该按钮，可以设置文字的变形效果。

◎ **"切换字符和段落面板"按钮**■：单击该按钮，显示/隐藏字符和段面板。

在点上创建文本的方法是从工具箱中选择横排文字工具■或直排文本工具■，在工具属性栏中设置文字的字体、大小、颜色等属性，然后在图像窗口中单击鼠标左键，当出现如图10-3所示的字符输入光标后，输入文字即可，如图10-4所示。

图10-3 在图像中单击出现输入光标

图10-4 输入的文字

> 提示：输入文字后在"图层"面板中会出现相应的文字图层。Photoshop对于文字有很多限制，不能对文字进行滤镜操作以及色调调整。如果要进行一些特殊操作，需要选择【图层】→【栅格化】→【文字】命令，将其转换为普通图层。

2. 创建文字选区

使用横排文字蒙版工具 **T** 和直排文字蒙版工具 **IT** 可以创建横排和竖排文字选区，其创建方法和在点上创建文字的创建方法相同，不同之处在于使用文字蒙版工具的输入结果是文字的选区。

选择工具箱中的横排或直排文字蒙版工具，在图像中需要创建文字选区的位置单击鼠标左键，当出现输入光标后输入所需的文字，如图10-5所示。

图10-5　创建文字蒙版

完成后单击工具箱中的其他工具退出文字蒙版输入状态，输入文字将以文字选区显示，但不产生文字图层，如图10-6所示。

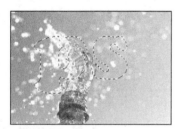

图10-6　创建文字选区

3. 创建段落文本

段落文本是指在一个段落文本框中输入所需的文本，以便用户对该段落文本框中的所有文本进行统一的格式编辑和修改。段落文字分

为横排段落文字和直排段落文字，分别通过横排文字工具 **T** 和直排文字工具 **IT** 来创建。

输入横排段落文字

单击工具箱中的横排文字工具 **T**，在其工具属性栏中设置字体的样式、字号和颜色等参数，将鼠标指针移动到图像窗口中，当鼠标指针变为 **I** 形状，在适当的位置按住鼠标左键不放并拖动绘制出一个文字输入框，如图10-7所示，释放鼠标按键，然后输入文字即可，如图10-8所示。

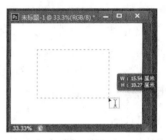

图10-7　绘制文本框

图10-8　输入段落文字

输入文字后，将鼠标指针移至文本框四个角的任意一个角上，当鼠标指针变为斜向的双向箭头形状时，按住鼠标左键不放并拖动可更改文本框大小，其中的文字也会随着文本框大小的改变而自动调整，如图10-9所示。

图10-9　调整文本框大小

输入直排段落文字

在完成横排段落文字的输入后，单击工具属性栏中的"更改文本方向"按钮就可以将其转换为直排段落文字。也可使用直排文字工具 在图像编辑区域内创建一个文字输入框，然后输入直排文字，如图10-10所示。

图10-10 输入直排文字

4. 在路径上创建文字

路径文字是指创建在路径上的文字，且文字沿着路径排列。当形状路径改变时，文字的排列方式也会随之改变。

创建路径文字

使用钢笔工具绘制一段路径，选择横排文字工具，设置字体、大小和颜色后，将鼠标指针移至路径上，当其变为 形状时，单击鼠标左键即可在路径上创建文字插入点，如图10-11所示。

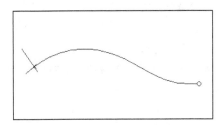

图10-11 创建文字插入点

移动与翻转路径文字

在"图层"面板中选中文字图层，在图像中显示文字路径，然后使用直接选择工具或路径选择工具，将鼠标指针移至文字上，当鼠标指针变为 形状时，单击鼠标左键并沿着路

径拖动即可移动文字，如图10-12所示。若向路径的另一侧拖动，可翻转文字，如图10-13所示。

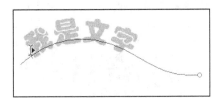

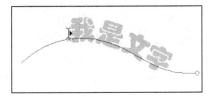

图10-12 移动文字

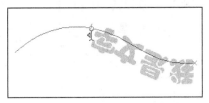

图10-13 翻转文字

编辑路径文字

使用直接选择工具单击路径，可显示其上的锚点，单击并移动锚点，或修改路径的形状，文字会沿着修改后的路径排列，如图10-14所示。

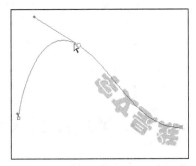

图10-14 编辑路径文字

5. 案例——制作果冻文字

本案例利用文字工具，结合前面所学的相关知识，制作如图10-15所示的果冻字效果。通过本案例的学习，掌握文字工具的使用方法，

巩固前面所学的相关知识。

素材\第10课\课堂讲解\白云.jpg
效果\第10课\课堂讲解\果冻字.psd

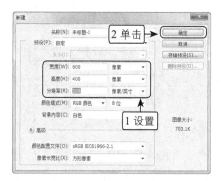

图10-15　果冻字

❶ 新建一个宽度和高度分别为600和400像素、分辨率为200像素/英寸的文件，按"单击"按钮确认，如图10-16所示。

图10-16　创建文档

❷ 按【D】键复位前景色和背景色，使用横排文字工具，在其工具属性栏中设置字体为"Earthquake"（该字体不是系统自带字体，需下载安装），字号为"80点"，如图10-17所示。

图10-17　设置字体属性

❸ 在图像编辑窗口中单击定位插入点，输入"COOL"文本，如图10-18所示。

图10-18　输入文字

❹ 在"图层"面板中自动生成文字图层，选中文字图层，在其上单击鼠标右键，在弹出的快捷菜单中选择"栅格化文字"命令，将文字图层栅格化，如图10-19所示。

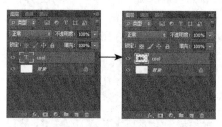

图10-19　栅格化文字

❺ 按住【Ctrl】键不放，单击"cool"图层前的缩览图，载入文字选区。选择渐变工具，单击选项栏中的"渐变色"选择框，在打开的"渐变编辑器"对话框中设置深蓝色（R:56,G:173,B:252）到浅蓝色（R:140,G:216,B:255）的渐变，如图10-20所示。

图10-20　设置渐变色

❻ 在文字上从上往下拖动，得到线性渐变效果，如图10-21所示。

图10-21　填充渐变

❼ 按【Ctrl+D】组合键取消选区，复制该图层，然后单击复制图层前的◉图标，使其不

可见，再选择文字图层，如图10-22所示。

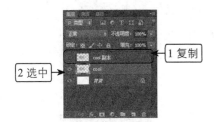

图10-22　复制图层

⑧　双击"cool"图层，在打开的对话框中选中"投影"复选框，设置参数，然后单击"等高线"右侧的图形，如图10-23所示。

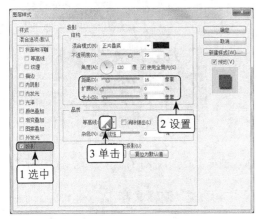

图10-23　设置投影

⑨　打开"等高线编辑器"对话框，在其中调整等高线的曲线，单击 确定 按钮，如图10-24所示。

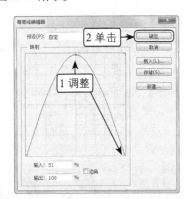

图10-24　调整投影的等高线

⑩　选中"内阴影"复选框，设置参数，颜色设置为蓝色（R:3,G:110,B:172），如图10-25所示。

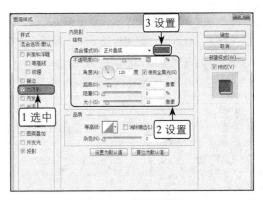

图10-25　设置内阴影

⑪　选中"内发光"复选框，设置参数，发光颜色设置为淡蓝色（R:140,G:216,B:255），如图10-26所示。

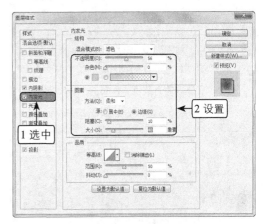

图10-26　设置内发光

⑫　选中"斜面和浮雕"复选框，设置参数，阴影模式的颜色设置为蓝色（R:36,G:163,B:252），如图10-27所示。

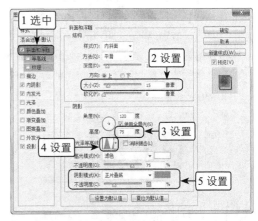

图10-27　设置斜面和浮雕

⑬ 选中"等高线"复选框，单击"等高线"图标，在打开的"等高线编辑器"对话框中调整等高线如图10-28所示，单击 确定 按钮返回到"图层样式"对话框。

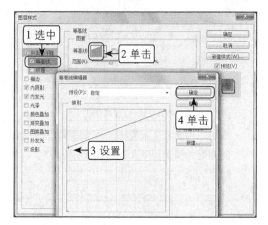

图10-28 设置等高线

⑭ 在"图层样式"对话框中选中"描边"复选框，设置颜色为蓝色（R:36,G:163,B:252），单击 确定 按钮，如图10-29所示。

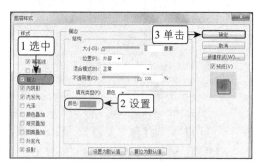

图10-29 设置描边

⑮ 在"图层"面板中将该图层的图层混合模式设置为"线性加深"，单击"cool 副本"图层前的 图标将其显示，然后设置该图层的混合模式为"颜色加深"，文字的效果如图10-30所示。

图10-30 文字设置效果

⑯ 打开"白云.jpg"素材文件，使用移动工具将其拖动到制作的文字文件中，然后在"图

层"面板中将其移至背景图层之上，如图10-31所示。

图10-31 拖入素材文件

⑰ 按【Ctrl+T】组合键，调整其大小和位置，调整好后按【Enter】键确认，如图10-32所示。

图10-32 拖入素材文件

⑱ 选择【文件】→【存储】命令，保存文件。

10.1.2 编辑文字

在输入文字后，经常需要对文字进行编辑，使其符合需求。

1. 选择文字

要对文字进行编辑时除了需选中该文字所在图层之外，还需选取要设置的文字部分。选取文字时，应先切换到横排文字工具 T，然后将鼠标指针移动到要选择的文字的开始处，当鼠标指针变成 形状时按住鼠标左键并拖动鼠标，在需要选取文字的结尾处释放鼠标按键，被选中的文字将以文字的补色显示，如图10-33所示。

图10-33 选择文字

2. 转换点文本与段落文本

点文本和段落文本可以互相转换。若要将点文本转换为段落文本，可选择【文本】→【转换为段落文本】命令；若要将段落文本转换为点文本，可选择【文字】→【转换点文本】命令。

将段落文本转换为点文本时，溢出文本框的字符将会被删除，因此，在将该类段落文字转换为点文本前，需调整文本框的大小，使文字全部显示。

3. 设置字体和字号及颜色

先在"图层"面板中选择相应的文字图层，单击工具箱中的横排文字工具 T ，拖动选取要修改的部分文字（若需将修改应用于当前文字图层中的所有文字，则无需选取），再对字体、字号和颜色进行设置。修改文字的字体、颜色和大小的方法如下。

◎ 单击文字属性栏中的"设置字体"下拉列表框右侧的 按钮，在弹出的下拉列表中选择所需的字体样式即可修改文字的字体。

◎ 单击文字属性栏中的"设置文本颜色"颜色框或单击工具箱中的前景色图标，在打开的"拾色器"对话框中选择一种新的文字颜色即可修改文字的颜色。

◎ 在文字属性栏中的"设置文本大小"下拉列表框中选择一种文本大小，或直接在其数值框中输入具体的数值修改文字的大小。

4. 创建变形文本

Photoshop CS6在文字工具属性栏中提供了一个文字变形工具，通过它可以将选择的文字改变成多种变形样式，从而为文字增加艺术效果。

选择文本工具，单击属性栏左侧的变形文字按钮 ，打开"变形文字"对话框，如图10-34所示。

图10-34 "变形文字"对话框

在该对话框中，"样式"下拉列表框用来设置文字的样式，其下拉列表中有15种变形样式可供选择。任意选择一个样式即可激活对话框中的其他选项，如选择"扇形"样式，如图10-35所示，各参数含义如下。

图10-35 激活对话框中的参数

◎ "水平"和"垂直"单选项：用于设置文本是沿水平还是垂直方向进行变形，系统默认为沿水平方向变形。

◎ "弯曲"数值框：用于设置文本的弯曲程度，当为0时表示没有任何弯曲。分别设置弯曲为-50和50时，文字对应的弯曲效果分别如图10-36和图10-37所示。

图10-36 弯曲程度为-50

图10-37 弯曲程度为50

◎ **"水平扭曲"数值框**：用于设置文本在水平方向上的扭曲程度。分别设置扭曲为−50和50时，文字对应的扭曲效果分别如图10−38和图10−39所示。

图10−38　水平扭曲度为−50

图10−39　水平扭曲度为50

◎ **"垂直扭曲"数值框**：用于设置文本在垂直方向上的扭曲程度。分别设置扭曲为−30和30时，文字对应的扭曲效果分别如图10−40和图10−41所示。

图10−40　垂直扭曲度为−50

图10−41　垂直扭曲度为50

5. 使用"字符"面板

使用"字符"面板可以设置文字各项属

性。选择【窗口】→【字符】命令，即可打开如图10−42所示的面板，面板中包含了两个选项卡，"字符"用于设置字符属性，"段落"用于设置段落属性。

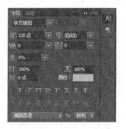

图10−42　"字符"面板

"字符"面板用于设置字符的字间距、行间距、缩放比例、字体以及尺寸等属性。其中部分选项含义如下。

◎ 华文琥珀 **下拉列表框**：单击此下拉列表框右侧的下拉按钮，在下拉列表中选择需要的字体。

◎ 120点 **下拉列表框**：在此下拉列表框中直接输入数值可以设定字体大小。

◎ 颜色：**单击颜色块，可在弹出的拾色器中设置文本的颜色。

◎ **按钮组**：该组中的按钮分别用于对文字进行加粗、倾斜、全部大写字母、将大写字母转换成小写字母、上标、下标、添加下划线、添加删除线操作。设置时，只须选取文本后单击相应的按钮即可。

◎ (自动) **下拉列表框**：此下拉列表框用于设置行间距。单击文本框右侧的下拉按钮，在下拉列表中可以选择行间距的大小。图10−43所示为行间距"自动"的效果，图10−44所示为行间距为"48"的效果。

图10−43　行间距为"自动"

图10-44 行间距为"48"

◎  **数值框**：用于设置选中的文本的垂直缩放效果。选中"面"字，将数值框中的数值分别设置为"20%"和"200%"，效果如图10-45和图10-46所示。

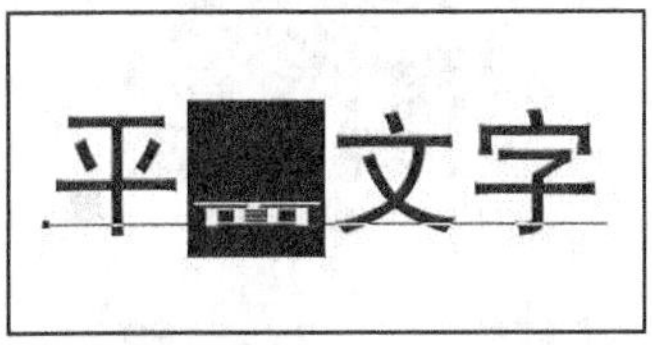

图10-45 "20%"的效果

图10-46 "200%"的效果

◎  **数值框**：用于设置选中的文本的水平缩放效果。选中"文字"，将数值框中的数值分别设置为"50%"和"140%"，效果如图10-47和图10-48所示。

图10-47 "50%"的效果

图10-48 "140%"的效果

◎  **下拉列表框**：用于设置所选字符的字距调整。单击右侧的下拉按钮，在下拉列表中选择字符间距，也可以直接在文本框中输入数值进行设置。图10-49和图10-50所示为分别设置为"-200"和"200"的效果对比。

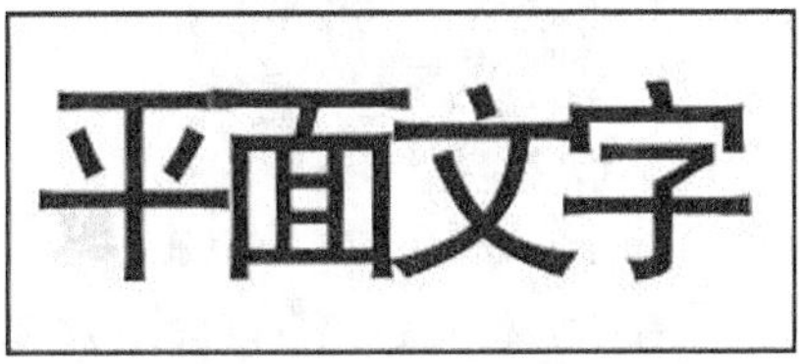

图10-49 字距为"-200"

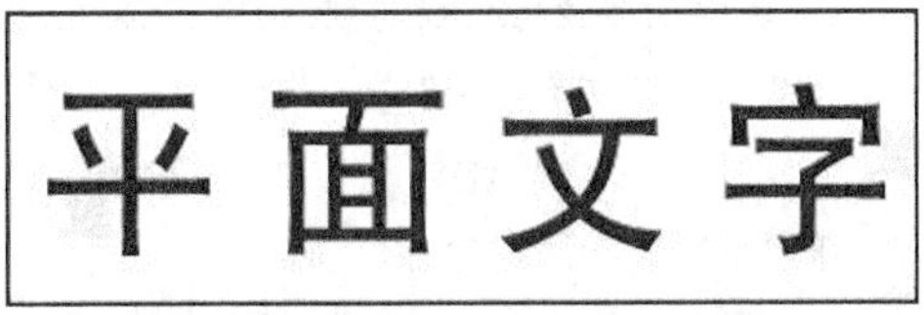

图10-50 字距为"200"

◎ **下拉列表框**：设置两个字符间的微调。

◎ **数值框**：设置基线偏移，当设置参数为正值时，向上移动，当设置参数为负值时，向下移动。图10-51和图10-52所示为设置基线偏移分别为"20点"和"50点"的应用效果。

图10-51 基线偏移20点

图10-52 基线偏移50点

◎ **数值框**：用于设置所选字符的比例间距。

6. 使用"段落"面板

"段落"面板的主要功能是设置文字的

对齐方式以及缩进量等。选择【窗口】→【段落】命令，打开"段落"面板，如图10-53所示，面板中的部分选项含义如下。

图10-53　"段落"面板

◎　**"左对齐文本"按钮**：单击该按钮，段落中所有文字居左对齐。

◎　**"居中对齐文本"按钮**：单击该按钮，段落中所有文字居中对齐。

◎　**"右对齐文本"按钮**：单击该按钮，段落中所有文字居右对齐。

◎　**"最后一行左对齐"按钮**：单击该按钮，段落中最后一行左对齐。

◎　**"最后一行居中对齐"按钮**：单击该按钮，段落中最后一行中间对齐。

◎　**"最后一行右对齐"按钮**：单击该按钮，段落中最后一行右对齐。

◎　**"全部对齐"按钮**：单击该按钮，段落中所有行全部对齐。

◎　**"左缩进"文本框**：用于设置所选段落文本左边向内缩进的距离。

◎　**"右缩进"文本框**：用于设置所选段落文本右边向内缩进的距离。

◎　**"首行缩进"文本框**：用于设置所选段落文本首行缩进的距离。

◎　**"段前添加空格"文本框**：用于设置插入光标所在段落与前一段落间的距离。

◎　**"落后添加空格"文本框**：用于设置插入光标所在段落与后一段落间的距离。

◎　**"连字"复选框**：选中该复选框，表示可以将文字的最后一个外文单词拆开形成连字符号，使剩余的部分自动换到下一行

7. 字符样式和段落样式

Photoshop CS6新增的"字符样式"和"段落样式"面板可以保存文字样式，并可快速应用于其他文字、线条或文本段落，从而提高工作效率。

字符样式

字符样式是字体属性的集合，如字体、大小、颜色等。单击"字符样式"面板中的"新建"按钮，即可创建一个空白的字符样式，如图10-54所示。双击字符样式可打开如图10-55所示的对话框，在该对话框中可设置字符属性。

图10-54　"字符样式"面板

图10-55　"字符样式选项"对话框

段落样式

段落样式的创建和使用方法与字符样式基本相同。单击"段落样式"面板中的"新建"按钮，即可创建一个空白的字符样式，双击该新建的样式，可打开相应的"段落样式选项"对话框。

8. 其他编辑文本的方法

除了可在"字符"和"段落"面板中编辑文本，还可通过菜单命令编辑文本。

拼写检查

若要检查当前文本的英文单词拼写是否有误，可选择【编辑】→【拼写检查】命令。若无错误，将打开如图10-56所示的对话框；若检

查到错误，则会打开"拼写检查"对话框并在其中提供相应的修改建议，如图10-57所示。

图10-56 检查完成

图10-57 "拼写检查"对话框

"拼写检查"对话框中部分参数介绍如下。

◎ **"不在词典中"文本框**：Photoshop会将查出的错误单词显示在"不再词典中"文本框中，并在"建议"列表中给出修改建议。若接受修改建议，可单击 更改(C) 按钮进行替换。若要全部替换掉错误的单词，可单击 更改全部(L) 按钮。

◎ **"更改为"文本框**：可输入用于替换错误单词的正确单词。

◎ **"检查所有图层"复选框**：选择该复选框，将检查所有图层中的文本，取消勾选该复选框时只检查选中图层中的文本。

◎ 忽略(I) 和 全部忽略(G) **按钮**：单击 忽略(I) 按钮，表示忽略当前的检查结果；单击 全部忽略(G) 按钮，则忽略所有的检查结果。

◎ 添加(A) **按钮**：若被查找到的单词拼写正确，可单击该按钮，将它添加到Photoshop词典中。

✎ **查找和替换文本**

选择【编辑】→【查找和替换文本】命令，可查找当前文本中需要修改的单词、标点或字符，并将其替换为指定的内容。图10-58所示为打开的"查找和替换文本"对话框。

图10-58 "查找和替换文本"对话框

在"查找内容"文本框中输入想要查找的内容，在"更改为"文本框中输入用于替换的内容，单后单击 查找下一个(I) 按钮，Photoshop会自动搜索并突出显示查找到的内容。若要替换，则单击 更改(H) 按钮，若要替换所有符合查找要求的结果，则可单击 更改全部(A) 按钮。已经栅格化的文字不能进行查找和替换操作。

✎ **更新所有文字图层**

选择【文字】→【更新所有文字图层】命令，可更新当前文件中所有文字图层的属性。

✎ **替换所有欠缺的字体**

当打开一个文件时，若该文件中使用了系统中没有的字体，会弹出一条警告信息，说明缺少哪些字体。选择【文字】→【替换所有欠缺字体】命令，可使用系统中安装的字体替换文档中欠缺的字体。

✎ **基于文字创建工作路径**

选择一个文字图层，选择【文字】→【创建工作路径】命令，可基于文字生成工作路径，原文字图层保持不变。

✎ **将文字转换为形状**

选择文字图层，选择【文字】→【转换为形状】命令，可将文字转换为具有矢量蒙版的形状图层，如图10-59所示。

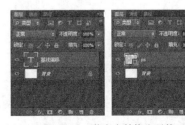

图10-59 将文字转换为形状

9. 案例——制作网页banner

本案例将在图10-60所示的背景素材上，制作有关衬衣的网页banner，效果如图10-61所示。通过本案例的学习，可掌握编辑文字的相关知识和操作方法。

> 素材\第10课\课堂讲解\banner.jpg
> 效果\第10课\课堂讲解\banner.psd

图10-60　素材

图10-61　效果

❶ 打开"banner.jpg"素材文件，选择文本工具，在图像编辑窗口中分别输入"新品八折"、"夏装新品2014抢先购"和"3/8-3/10"3段文本，如图10-62所示。

图10-62　输入文本

❷ 此时将在"图层"面板中生成3个文字图层，如图10-63所示。

❸ 选中"新品八折"文本，选择【窗口】→【字符】命令，打开"字符"面板，在其中设置文字格式为"方正剪纸简体、42点、

白色"，并将其放置在绿色箭头上，如图10-64所示。

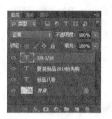

图10-63　文字图层

图10-64　设置文本

❹ 为"夏装新品2014抢先购"和"3/8-3/10"设置相同的字符格式。使用【Ctrl+T】组合键，对这两个文本进行旋转，并放置在如图10-65所示位置。

图10-65　调整位置

❺ 按住【Ctrl】键不放，依次单击选择"图层"面板中的文字图层，将文字图层全部栅格化，如图10-66所示。

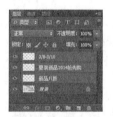

图10-66　栅格化文字图层

❻ 使用橡皮擦工具擦除"新品八折"图层中的"八"字以及"夏装新品2014抢先购"中的"夏装"2字，如图10-67所示。

图10-67 擦除文字

❼ 选中"新品八折"图层，使用文字工具，在图像中输入"8"文本，将其选中，打开"字符"面板，在其中设置文本格式为"方正黄草简体、60点"，颜色为黄色（R:255,G:255,B:0），调整文字的位置，效果如图10-68所示。

图10-68 添加文本并设置格式

❽ 选中最顶层的图层，使用文字工具，在图像中输入"夏装"文本，将其选中，打开"字符"面板，在其中设置文本格式为"幼圆、

60点"，颜色为黄色（R:255,G:255,B:0），并在图像中调整文本的位置和旋转，如图10-69所示。

图10-69 添加文本并设置格式

❾ 使用文本工具，在图像中输入"B&L"文本，选中该文本，在"字符"面板中设置其字符格置为"Broadway、50点"，颜色为蓝色（R:51,G:102,B:204），如图10-70所示。

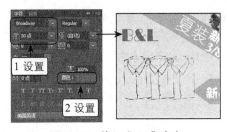

图10-70 输入"B&L"文本

❿ 调整"B&L"文本的位置，然后保存文件。

10.2 上机实战

本课上机实战将分别制作"水滴字"特效文字和"打印机海报"宣传文件，综合练习本课所学的知识点。

上机目标如下。

◎ 熟练掌握文字的创建。

◎ 熟练掌握文字的各种编辑方法，包括字体、字号的调整，以及在"变形文字"对话框中设置文字形状。

建议上机学时：4学时。

10.2.1 制作水滴文字

1. 实例目标

本例要求对图10-71所示的背景素材"树叶.jpg"上创建水滴文字，效果如图10-72所示。通过本例的操作，应熟练掌握结合文字和图层样式，制作文字特效的方法。

图10-71 素材

图10-72　水滴文字效果

2. 专业背景

水滴效果或水珠效果经常应用在沐浴露、洗面奶、饮料等与液体相关的广告中，用于表现清澈、透明等感觉。实际生活中很难拍摄到澄澈透明无杂质的水珠，因此需要在Photoshop中进行制作。

3. 操作思路

根据上面的操作要求，本例的操作思路如图10-72所示。

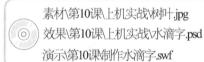

素材\第10课\上机实战\树叶.jpg
效果\第10课\上机实战\水滴字.psd
演示\第10课\制作水滴字.swf

1）绘制水滴形状

2）制作水滴透明效果

3）输入文字并设置效果

图10-73　制作水滴文字的操作思路

❶ 打开"树叶.jpg"素材文件。选择画笔工具，在其工具属性栏中进行调整。

❷ 在"图层"面板中新建图层1，按【D】键设置默认的前景色和背景色，使用画笔工具 ✐ 在图像窗口中绘制水滴的形状。在"图层"面板中设置图层1的填充为"4%"，即内部不透明度。

❸ 双击图层1，打开"图层样式"对话框，设置投影、内阴影、内发光、斜面和浮雕，并将设置的图层样式保存为"水滴样式"。

❹ 选择画笔工具，绘制其余的水滴并应用样式。

❺ 选择文字工具，在工具属性栏中设置字体属性，输入文本并更改位置和旋转。

❻ 栅格化文字图层，并为其应用水滴样式，完成制作，保存文档。

10.2.2 制作打印机海报

1. 实例目标

本例需制作一个打印机海报宣传广告，要求广告画面有新颖的感觉，并且还应突出打印机的打印能力。本例完成后的参考效果如图10-74所示，主要运用了矩形选框工具、创建美术文字、创建段落文字等操作。

图10-74 打印机海报

2. 专业背景

海报的英文名称是"Poster"，意为张贴在木柱或墙上、车辆上的印刷广告。大尺寸的画面、强烈的视觉冲击力和卓越的创意构成了现代海报最主要的特征。"海报是一张充满信息情报的纸。"世界卓越的设计师，几乎都是因为在海报方面取得非凡成就而闻名于世。从某种意义上说，对海报设计进行深入的研究已经成为设计师获得成功的必经之路。海报作为一种视觉传达艺术，最能体现出平面设计的形式特征，它具有视觉设计最主要的基本要素，它的设计理念、表现手段及技法比其他广告媒介更具典型性。

3. 操作思路

根据上面的操作要求，本例的操作思路如图10-75所示。

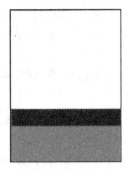

1）绘制底纹

2）导入素材

3）输入并设置文字

图10-75 编辑"打印机海报"的操作思路

素材\第10课\上机实战\小孩.jpg
效果\第10课\上机实战\打印机海报.psd
演示\第10课\制作打印机海报.swf

❶ 新建图像文件，使用矩形选框工具 创建两个矩形选区，分别填充为洋红色（R:40，G:2,B:126）和黑色。

❷ 在素材图像中抠取出小孩的头部图像，放到画面中。

❸ 使用画笔工具在儿童脸上绘制出多种颜色的笔触，然后设置儿童图层的混合模式为"颜色加深"。

❹ 选择横排文字工具在黑色和洋红色矩形中输入文字，分别在属性栏中设置文字大小和字体等属性。

❺ 继续在画面上方空白图像中输入文字，适当调整文字属性，完成实例的制作。

10.3 常见疑难解析

问：怎样在Photoshop中添加新的字体？

答：Photoshop中使用的字体都存在于Windows系统文件中，将下载的字体直接安装在安装系统的盘的【Windows】→【fonts】文件夹中即可。

问：设置段落格式时必须先选取相应的段落文字吗？

答：不需要。在设置时如果要对段落输入框中所有段落文字应用相应的段落格式，可以先选取该文字图层再进行设置；如果需要修改段落输入框中某一段的格式，则只须将插入点定位到该段落文字中，设置时其他段落格式将保持不变。

10.4 课后练习

（1）制作一个企业资讯宣传广告，如图10-76所示。新建一个图像文件，使用钢笔工具绘制出画面底部的曲线图像和画面中的山峦图像。然后使用横排文字工具在画面中输入文字，并在属性栏中设置字体属性，接着在画面底部的曲线图像中添加文本框，输入段落文字。

> 素材\第10课\课后练习\蝴蝶.psd　　效果\第10课\课后练习\资讯广告.psd
> 演示\第10课\制作"资讯广告".swf

（2）新建一个图像文件，分别添加各种所需的素材图像，然后使用横排文字工具在画面中输入文字，并设置不同的字符属性，如图10-77所示。

> 素材\第10课\课后练习\背景.psd　　效果\第10课\课后练习\慰问卡.psd
> 演示\第10课\制作慰问卡片.swf

图10-76　企业资讯广告

图10-77　卡片广告

第11课
通道和蒙版的应用

学生：老师，Photoshop中的通道和蒙版有什么用呢？

老师：通道和蒙版是Photoshop中非常重要的概念。在通道中可以对图像的色彩进行改变，或者利用通道抠取一些复杂图像。而使用蒙版则可以隐藏部分图像，方便图像的合成，并且不会对图像造成损伤。

学生：这两者有什么相似之处吗？

老师：这节课就来讲解通道与蒙版的原理和使用，你可以在其中找到答案。

学生：那我们赶快开始吧！

学习目标

▶ 了解通道的性质和功能

▶ 掌握相关通道的操作

▶ 掌握蒙版的创建和编辑方法

▶ 掌握使用蒙版合成图片的方法

11.1 课堂讲解

本课主要讲解通道和蒙版在Photoshop中的应用。通道主要用于保存图像的颜色和选区信息，而蒙版可以完美地合成图像。

11.1.1 通道概述

通道是存储不同类型信息的灰度图像，这些信息通常都与选区有直接关系，所以对通道的应用实质就是对选区的应用。通道可以分为颜色通道、Alpha通道和专色通道3种。下面将进行具体讲解。

1. 通道的性质和功能

通道主要有两种作用：一是用于保存和调整图像的颜色信息，另外可用于保存选定的范围。

在Photoshop CS6中打开或创建一个新的图层文件，"通道"面板将自动创建颜色信息通道。根据所属类型不同，通道的功能也不同。在"通道"面板中列出了图像的所有通道。一幅RGB图像有4个默认的颜色通道：红色通道用于保存红色信息，绿色通道用于保存绿色信息，蓝色通道用于保存蓝色信息，而RGB通道是一个复合通道，用于显示所有的颜色信息，如图11-1所示。CMYK模式的图像包含有4个通道，分别是青色（C）、洋红（M）、黄色（Y）、黑色（K），如图11-2所示。

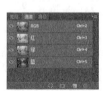

图11-1 RGB通道

图11-2 CMYK通道

2. "通道"面板

在默认情况下，"通道"面板、"图层"

面板和"路径"面板在同一组面板中。可以直接单击"通道"选项卡，打开"通道"面板，其中各选项的含义如下。

◎ **"将通道作为选区载入"按钮**：单击该按钮可以将当前通道中的图像内容转换为选区。选择【选择】→【载入选区】命令和单击该按钮的效果一样。

◎ **"将选区存储为通道"按钮**：单击该按钮可以自动创建Alpha通道，并将图像中的选区保存。选择【选择】→【存储选区】命令和单击该按钮的效果一样。

◎ **"创建新通道"按钮**：单击该按钮可以创建新的Alpha通道。

◎ **"删除通道"按钮**：单击该按钮可以删除选择的通道。

11.1.2 通道的基本操作

在图像中通过编辑通道，可以改变图像的色彩，让图像效果充满艺术趣味。

1. 创建Alpha通道

Alpha通道有3种用途，一是用于保存选区；二是可将选区存储为灰度图像，从而可结合画笔、加深、减淡等工具或者各种滤镜，通过编辑Alpha通道来修改选区；三是可从Alpha通道中载入选区。

在"通道"面板中创建一个新的通道，称为"Alpha"通道。用户可以通过创建"Alpha"通道来保存和编辑图像选区。创建"Alpha"通道后还可根据需要使用工具或命令对其进行编辑，然后再载入通道中的选区。

在Alpha通道中，白色代表可被选择的选区，黑色代表不能被选择的区域，灰色代表可被部分选择的区域，即羽化区域。因此，使用白色涂抹Alpha通道可扩大选区范围，使用黑色可收缩选区，使用灰色可增加羽化范围。

使用下列任意方法均可创建Alpha通道。

◎ 单击"通道"面板中的"创建新通道"按钮
 。

◎ 单击"通道"面板右上角的 按钮，在弹出的菜单中选择"新建通道"命令，打开图11-3所示的对话框，单击 确定 按钮即可创建一个Alpha通道。

图11-3 "新建通道"对话框

◎ 创建一个选区，选择【选择】→【存储选区】命令，打开"存储选区"对话框，如图11-4所示。若在其中输入名称，则会创建以该名称命名的Alpha通道，如图11-5所示。

图11-4 存储选区

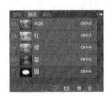

图11-5 保存的Alpha通道

2. 创建专色通道

专色，就是除了CMYK以外的颜色。如果要印刷带有专色的图像，就需要在图像中创建一个存储这种颜色的专色通道。

单击"通道"面板右上角的 按钮，在弹出的菜单中选择"新建专色通道"命令。在打开的对话框中输入新通道名称后，单击

确定 按钮，如图11-6所示，得到新建的专色通道，如图11-7所示。

图11-6 新建专色通道

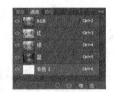

图11-7 新建的专色图层

技巧：按住【Ctrl】键单击"通道"面板底部的"创建新通道"按钮 ，也可以打开"新建专色通道"对话框。

3. 复制通道

Photoshop允许在同一个文件中复制通道；也可以将通道复制到另一个新文件或打开的文件中，而原通道中的图像保持不变。复制通道有以下3种方法。

◎ 选择需要复制的通道，在通道上单击鼠标右键，在弹出的快捷菜单中选择"复制通道"命令。

◎ 选择需要复制的通道，单击"通道"面板右上角的 按钮，在弹出的菜单中选择"复制通道"命令。

◎ 选择需要复制的通道，按住鼠标左键将其拖动到面板底部的"创建新通道"按钮 上，当鼠标指针变成 形状时释放鼠标按键即可。

4. 删除通道

将多余的通道删除，可以减少系统资源的占用，提高运行速度。删除通道有以下3种方法。

◎ 选择需要删除的通道，在通道上单击鼠标右键，在弹出的快捷菜单中选择"删除通道"命令。

◎ 选择需要删除的通道，单击"通道"面板右上角的按钮，在弹出的菜单中选择"删除通道"命令。

◎ 选择需要删除的通道，按住鼠标左键将其拖动到面板底部的"删除通道"按钮上即可。

5. 分离通道

分离通道是指将图像的每个通道分离为一个单独的图像，这样可以单独地对分解出来的灰度图像进行编辑、处理和保存。

单击"通道"面板右上角的按钮，在弹出的菜单中选择"分离通道"命令，如图11-8所示，图像中的每一个通道即可以单独的文件存在，如图11-9所示。

图11-8　分离通道

图11-9　分离的结果

6. 合并通道

合并通道是分离通道的逆操作，该操作可以把多个灰度模式的图像作为不同的通道合并到一个新图像中。

单击"通道"面板右上角的按钮，在弹出的菜单中选择"合并通道"命令，此时打开如图11-10所示的对话框，单击 确定 按钮后，打开如图11-11所示的对话框。单击 下一步(N) 按钮合并，因为指定了3个通道，因此会确认3次，最后一次单击 确定 按钮即可合并通道。

图11-10　分离通道

图11-11　确认合并通道

7. 案例——利用通道抠取婚纱

本实例将从图11-12所示的"婚纱.jpg"素材中抠取婚纱，并与素材"背景.jpg"进行合成，效果如图11-13所示。通过该案例的学习，可以掌握使用通道抠取图像的方法。

图11-12　素材文件

图11-13　最终效果

素材\第11课\课堂讲解\背景.jpg、婚纱.jpg
效果\第11课\课堂讲解\抠取婚纱.psd

❶ 按【Ctrl+O】组合键打开"婚纱.jpg"素材文件。在"图层"面板中选中"背景"图层，按【Ctrl+J】组合键复制背景图层为图层1。

❷ 为了更好地观察效果，再在图层1下方新建图层2，使用填充工具将其填充为紫色（R:183,G:7,B:181），此时"图层"面板如图11-14所示。

图11-14 复制并新建图层

❸ 单击图层2前的 图标隐藏该图层，选择图层1，然后切换到"通道"面板，选择黑白对比层次较好的通道，这里选择"蓝"通道，并将其拖动到"创建新通道"按钮上，复制该通道，如图11-15所示。

图11-15 复制通道

❹ 选中复制的"蓝 副本"通道，按【Ctrl+L】组合键打开"色阶"对话框，设置参数，单击 确定 按钮，如图11-16所示。

图11-16 设置色阶

❺ 再次按【Ctrl+L】组合键打开"色阶"对话框，设置参数，单击 确定 按钮，如图11-17所示，效果如图11-18所示。

图11-17 设置色阶

图11-18 调整效果

❻ 设置前景色为黑色，选择画笔工具，对图像左上角和右上角不够黑的区域进行涂抹，将这些区域涂黑，效果如图11-19所示。

图11-19 涂抹黑色

❼ 放大图像，发现右边的头纱下面还有墙壁砖的效果。

❽ 选择仿制图章工具，在其工具属性栏中设置画笔大小为"柔角17像素"，然后按住【Alt】键不放单击白色区域，在右侧头纱中黑色的区域进行涂抹，完成后的效果如图11-20所示。

❾ 在"通道"面板中单击RGB通道，使用钢笔工具在图像编辑窗口中勾绘人物身体的区域，效果如图11-21所示。

图11-20　涂抹效果

图11-21　勾选人物身体区域

⑩　再单击"蓝 副本"通道，按【Ctrl+Enter】组
合键将绘制的路径转换为选区，为选区填充
白色，效果如图11-22所示，然后取消选区。

图11-22　填充选区

⑪　按住【Ctrl】键的同时单击"蓝副本"通
道，切换到"图层"面板，选择图层1，按
【Ctrl+J】组合键复制选区中的图像到自动
新建的图层3中，如图11-23所示。

图11-23　复制选区中的图像

⑫　隐藏图层1和背景图层，显示图层2，效果如
图11-24所示。

图11-24　显示隐藏的图层

⑬　打开"背景.jpg"素材文件，使用移动工具
将背景拖入婚纱文件中，在"图层"面板中
将其放置于图层3的下方，如图11-25所示。

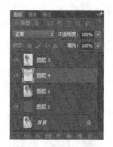

图11-25　导入背景

⑭　按【Ctrl+T】组合键打开界定框以调整图像
大小，完成图像的制作，最后保存即可。

⏱ 想一想

　　为什么要设置两次色阶的参数，为什么要
在"通道"面板中选择蓝色通道呢？

11.1.3　蒙版的应用

　　蒙版是Photoshop中用于制作图像特效的工
具，它可保护图像的选择区域，并可将部分图
像处理成透明或半透明效果。蒙版在图像合成
中应用最为广泛。下面将具体讲解。

　　Photoshop提供了3种蒙版：图层蒙版、剪
贴蒙版和矢量蒙版。图层蒙版通过蒙版中的灰
度信息控制图像的显示区域，可用于合成图
像，也可控制填充图层、调整图层、智能滤镜
的有效范围；剪贴蒙版通过一个对象的形状来

控制其他图层的显示区域；矢量蒙版通过路径和矢量形状控制图像的显示区域。

1. 属性面板

选择【窗口】→【属性】命令，可打开"属性"面板，在"属性"面板中可显示当前选中项的相关属性。在为图层添加蒙版后，在其中可显示与该蒙版相关的属性，用于调整所选图层中图层蒙版和矢量蒙版的不透明度和羽化范围，如图11-26所示。在使用"光照效果"滤镜、创建调整图层时，也可在"属性"面板中进行调整。其中的参数介绍如下。

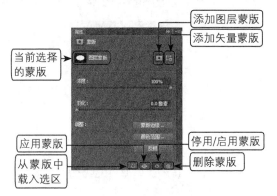

图11-26 "属性"面板

◎ **当前选择的蒙版**：显示了在"图层"面板中选择的蒙版的类型，如图11-27所示，此时可在"属性"面板中对其进行编辑。

图11-27 图层蒙版

◎ **"添加图层蒙版"按钮**：单击该按钮，可为当前图层添加图层蒙版。

◎ **"添加矢量蒙版"按钮**：单击该按钮，可添加矢量蒙版。

◎ **浓度**：拖动滑块可控制蒙版的不透明度，即蒙版的遮盖强度。图11-28所示为浓度为70%的效果。

图11-28 改变浓度

◎ **"羽化"选项**：拖动滑块可柔化蒙版边缘。图11-29所示为羽化400像素的效果。

图11-29 设置羽化

◎ **蒙版边缘**：单击该按钮可打开"调整蒙版"对话框修改蒙版边缘，并针对不同的背景查看蒙版。这些操作与调整选区边缘的操作基本相同。

◎ **颜色范围**：单击该按钮，可打开"色彩范围"对话框，此时可在图像中取样并通过调整颜色容差来修改蒙版范围。

◎ **反相**：单击该按钮，可翻转蒙版的遮盖区域。

◎ **"从蒙版中载入选区"按钮**：单击该按钮，可载入蒙版中包含的选区。

◎ **"应用蒙版"按钮**：单击该按钮，可将蒙版应用到图像中，同时删除被蒙版遮盖的图像。

◎ **"停用/启用蒙版"按钮**：单击该按钮或按住【Shift】键不放单击蒙版缩览图，可停用（或重新启用）蒙版。停用蒙版时，蒙版缩览图上会出现一个红色的"×"标记，如图11-30所示。

图11-30　停用蒙版

◎ **"删除蒙版"按钮**：单击该按钮，可删除当前蒙版。将蒙版缩览图拖动到"图层"面板底部的 按钮上，也可将其删除。

2. 矢量蒙版

矢量蒙版是由钢笔工具、自定形状工具等矢量工具创建的蒙版，它与分辨率无关，无论怎样缩放都能保持光滑的轮廓。图层蒙版和剪贴蒙版都是基于像素的蒙版，矢量蒙版则将矢量图形引入蒙版中，提供了一种可在矢量状态下编辑蒙版的特殊方式。

✎ 添加矢量蒙版

选择需要添加矢量蒙版的图层，使用矢量工具，这里选择自定义形状工具 ，在工具属性栏中将其绘图模式更改为"路径"，然后绘制路径，如图11-31所示。

图11-31　绘制路径

选择【图层】→【矢量蒙版】→【当前路径】命令，或按住【Ctrl】键不放单击"图层"面板中的 按钮，即可基于当前路径创建矢量蒙版，如图11-32所示，效果如图11-33所示。

图11-32　创建矢量蒙版

图11-33　矢量蒙版效果

✎ 编辑矢量蒙版

单击矢量蒙版缩览图，进入蒙版编辑状态，此时缩览图外会出现一个白色的外框，如图11-34所示，画面中也会显示路径。

图11-34　选中蒙版缩览图

使用矢量绘图工具，在图像中绘制，如图11-35所示，可将形状添加到矢量蒙版中，如图11-36所示。

图11-35　绘制矢量图形

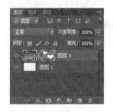

图11-36　形状添加到蒙版中

⚠ 提示：单击矢量蒙版缩览图，使用路径选择工具，还可对其中的路径进行复制、删除或变换等操作。

将矢量蒙版转换为图层蒙版

选择矢量蒙版所在图层，选择【图层】→【栅格化】→【矢量蒙版】命令，可栅格化矢量蒙版，将其转换为图层蒙版，如图11-37所示。

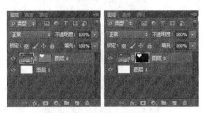

图11-37　栅格化矢量蒙版

3. 剪贴蒙版

剪贴蒙版可以用一个图层中包含像素的区域来限制它上层图层的显示区域。可通过一个图层控制多个图层的可见内容，而图层蒙版和矢量蒙版只能控制一个图层。

创建剪贴蒙版

剪贴蒙版主要由基底图层和内容图层组成。为了方便，将图层命名为相应的"基底图层"和"内容图层"，如图11-38所示。选中"基底图层"，选择绘图工具，在工具属性栏中将绘图模式设置为"像素"，然后进行绘制，如图11-39所示。

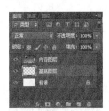

图11-38　原图层

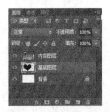

图11-39　绘制了图形后的效果

选中"内容图层"，选择【图层】→【创建剪贴蒙版】命令或按【Alt+Ctrl+G】组合键，将该图层与下面的图层创建为一个剪贴蒙

版组，如图11-40所示，效果如图11-41所示。

图11-40　创建剪贴蒙版

图11-41　剪贴蒙版效果

编辑剪贴蒙版

双击"基底图层"，打开"图层样式"对话框，在其中可为图形添加图层样式。添加的图层样式如图11-42所示，应用后的效果如图11-43所示。

图11-42　图层样式

图11-43　样式效果

剪贴蒙版使用基底图层的不透明度属性，若调整基底图层的不透明度，显示区域的不透明度也将发生变化。图11-44所示为基底图层不透明度为30%时的图像效果。

图11-44 改变基底图层的不透明度

> 提示：剪贴蒙版的混合模式同样适用于基底图层的混合模式。

将一个图层拖动到基底图层上，可将其加入剪贴蒙版组中。将剪贴蒙版组中的内容图层拖出，又可释放该图层。选择内容图层，然后选择【图层】→【释放剪贴蒙版】命令或按【Alt+Ctrl+G】组合键可释放全部剪贴蒙版。

4. 图层蒙版

图层蒙版是一个256级色阶的灰度图像，它蒙在图层上面，起到遮盖图层的作用，其本身并不可见。图层蒙版主要用于合成图像，在创建调整图层、填充图层和智能滤镜时，Photoshop也会自动为其添加图层蒙版，以控制颜色调整和滤镜范围。

创建图层蒙版

选择要添加图层蒙版的图层，单击"图层"面板下方的■按钮或选择【图层】→【图层蒙版】→【显示全部】命令，可为该图层添加显示图层内容的白色图层蒙版，如图11-45所示。

图11-45 创建图层蒙版

当图像中有选择区域的状态时，在"图层"面板中单击"添加图层蒙版"按钮■或选择【图层】→【图层蒙版】→【显示选区】

命令，可以为选择区域以外的图像部分添加蒙版，如图11-46所示。如果图像中没有选择区域，单击■按钮可以为整个画面添加蒙版。

图11-46 从选区添加蒙版

> 提示：选择【图层】→【图层蒙版】→【隐藏全部】命令，可创建隐藏图层内容的黑色蒙版。若图层中包含透明区域，可选择【图层】→【图层蒙版】→【从透明区域】命令，创建蒙版，并将透明区域隐藏。

填充蒙版

蒙版的填充实质上就是增加或减少图像的显示区域，可通过画笔等图像绘制工具来完成。在图层蒙版中，白色表示该图层可显示的区域，黑色表示不显示的区域，灰色部分表示半透明区域图11-47所示为图层蒙版，图11-48所示为显示效果。

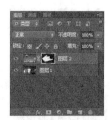

图11-47 图层蒙版

图11-48 显示效果

单击工具箱中的画笔工具，将前景色分别

设置成黑色、白色和灰色，然后在蒙版区域单击并拖动鼠标进行绘制，可更改显示区域和透明属性。

停用/应用图层蒙版

在"图层"面板中蒙版的缩略图上单击鼠标右键，在弹出的快捷菜单中选择"停用图层蒙版"命令，可以将图像恢复为原始状态，但蒙版仍被保留在"图层"面板中，蒙版缩略图上将出现一个红色的"×"标记。

用鼠标右键单击蒙版缩略图，在弹出的快捷菜单中选择"应用图层蒙版"命令，可以应用添加的图层蒙版，而删除隐藏的图像部分。

删除图层蒙版

如果要删除图层蒙版，可用鼠标右键单击蒙版缩略图，在弹出的快捷菜单中选择"删除图层蒙版"命令。

5. 创建快速蒙版

在Photoshop中除了可创建前面讲述的3种蒙版外，还可创建快速蒙版。快速蒙版可以不通过"通道"面板而将任何选区作为蒙版进行编辑，还可以使用多种工具和滤镜命令来修改蒙版。

打开图像文件，单击工具箱下方的"以快速蒙版模式编辑"按钮，如图11-49所示，即可进入快速蒙版编辑状态。此时，图像窗口并未发生任何变化，但所进行的操作都不再针对图像而是针对快速蒙版。

图11-49　进入快速蒙版

创建快速蒙版后，使用画笔工具在蒙版区

域进行绘制，绘制的区域将呈半透明的红色显示，如图11-50所示。该区域就是设置的保护区域。单击工具箱底部的"以标准模式编辑"按钮，将退出快速蒙版模式，此时在蒙版区域中呈红色显示的图像将在生成的选区之外，如图11-51所示。

图11-50　在快速蒙版中进行绘制

图11-51　生成的选区

> 提示：创建快速蒙版后将在"通道"面板中生成一个快速蒙版通道，退出快速蒙版后将自动删除该快速蒙版通道，直接生成图像选区。

当用户进入快速蒙版后，如果原图像的颜色与红色保护颜色较为相近，不利于编辑，用户可以通过设置快速蒙版的选项参数来改变蒙版颜色等选项。

双击工具箱中的"以快速蒙版模式编辑"按钮，打开如图11-52所示的"快速蒙版选项"对话框，其中各选项含义如下。

图11-52　"快速蒙版选项"对话框

◎ **"被蒙版区域"单选项**：选中该单选项，表示将作用于蒙版，被蒙住区域为原图像色彩，并作为最终选择区域。

◎ **"所选区域"单选项**：选中该单选项，表示将作用于选区，即红色屏蔽将蒙在所选区域上而不是非所选区域上，显示有屏蔽颜色的部分将作为最终选择区域。

◎ **"颜色"色块**：单击该色块，可以打开"拾色器"对话框选择保护的颜色。

◎ **"不透明度"文本框**：在其文本框中可以输入保护颜色的最大不透明度值。

6. 案例——制作鲜花文字效果

本实例将结合图11-53所示的素材"背景2.jpg"，以及其他花朵素材，制作如图11-54所示的花朵文字效果。通过该案例的学习，可以掌握使用蒙版制作图片的方法。

图11-53　素材文件

图11-54　最终效果

素材\第11课\课堂讲解\背景2.jpg、树叶.jpg、花朵1.jpg～花朵5.jpg
效果\第11课\课堂讲解\鲜花字.psd

❶ 打开"背景2.jpg"素材文件，设置前景色为"红色（R:117,G:67,B:114）"，使用横排文字工具在背景中输入文字"Flower"，在工具属性栏设置字体为"Kunstler Script"，

字号为"150点"。

❷ 选择【窗口】→【字符】命令，打开"字符"面板，在其中单击加粗按钮，设置及效果如图11-55所示。

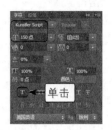

图11-55　输入文字

❸ 将文字图层栅格化。双击该图层，打开"图层样式"对话框，选中"投影"复选框，设置如图11-56所示的参数。

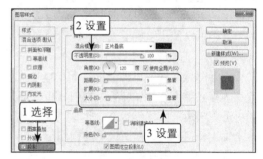

图11-56　设置投影

❹ 选中"内发光"复选框，设置如图11-57所示的参数，颜色为默认的颜色。

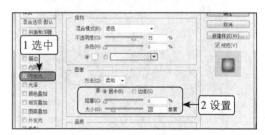

图11-57　设置内发光

❺ 选中"斜面和浮雕"复选框，设置如图11-58

所示的参数，单击 确定 按钮，效果
如图11-59所示。

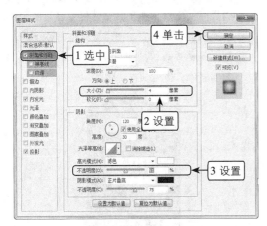

图11-58　设置斜面和浮雕

图11-59　文字效果

❻ 打开"花朵1.jpg"素材文件，使用魔
棒工具，将容差设置为"15"，在图像
编辑窗口中单击白色背景将其选中，按
【Ctrl+Shift+I】组合键反选，将花朵图像选
中，按【Ctrl+C】组合键进行复制。

❼ 切换到"背景2"图像窗口中，按【Ctrl+
V】组合键粘贴。粘贴完成后，在"图层"
面板中会自动生成新的图层。按【Ctrl+T】
组合键对花的大小进行调整，效果如图
11-60所示。

图11-60　抠取花朵素材

❽ 重复上两步操作，将素材文件夹中的其他花
朵和树叶文件，粘贴到文字图像处，进行调
整并排列位置，效果如图11-61所示。

图11-61　添加其他素材

❾ 在"图层"面板中选择所有的花朵和树叶图
层，然后单击鼠标右键，在弹出的快捷菜单
中选择"合并图层"命令合并所选择的图
层，如图11-62所示。

图11-62　合并图层

❿ 选择合并后的图层，按住【Alt】键的同时
将鼠标指针移至该图层与文字图层之间，当
鼠标指针变为形状时单击，创建剪贴蒙
版，如图11-63所示。

图11-63　创建剪贴蒙版

⓫ 再次打开花朵和叶子图像文件，将其抠取出
来放置于文字周围，装饰文字，效果如图
11-64所示。

图11-64　装饰文字

⓬ 按住【Ctrl】键不放选中文字图层和花朵图

层，按【Ctrl+Alt+E】组合键盖印一个新的图层，如图11-65所示。

图11-65　盖印新图层

⓭ 选中盖印的图层，选择【编辑】→【变换】→【垂直翻转】命令，然后将图移至文字下方，效果如图11-66所示。

图11-66　翻转文字

⓮ 单击"图层"面板底部的"添加图层蒙版"按钮 ⬚，为盖印的图层添加图层蒙版。然后选择渐变工具，在工具属性栏中设置由黑色到透明的线性渐变，使用鼠标从下往上拖动制作倒影效果，如图11-67所示，完成鲜花字的制作，最后保存文档。

图11-67　设置蒙版渐变

🕐 **想一想**

有没有快速抠取图片的方法？在本例中用到了哪几种关于蒙版的操作？

11.2 上机实战

本课上机实战将分别利用通道抠取人物的头发和使用蒙版矫正偏色照片，综合练习本章学习的知识点。

上机目标如下。

◎ 掌握"通道"面板的操作。

◎ 熟练掌握图层蒙版的使用。

建议上机学时：4学时。

11.2.1 抠取人物头发

1．操作要求

本例要求从图11-68所示的文件中抠取人物，重点在头发的抠取上，然后与背景素材合成一副新的图像，效果如图11-69所示。通过本例的操作，应该掌握利用通道和色阶抠取复杂图形的方法。

图11-68　素材文件

图11-69 效果文件

2. 专业背景

一些具有艺术气息的图像，通常不是由镜头直接捕捉到的，而是在拍摄之后通过抠取出主题部分，再在图像编辑软件中进行后期合成而得到的。在许多广告的制作中也通常需要对素材中的图像进行抠取，只保留需要的部分。

3. 操作思路

根据上面的操作要求，本例的操作思路如图11-70所示。

1）调整色阶

2）涂抹黑色

3）抠图人物部分

图11-70 为人物抠取头发的操作思路

素材\第11课\上机实战\人物.jpg、花朵背景.jpg
效果\第11课\上机实战\抠取头发.psd
演示\第11课\抠取人物头发.swf

本例的主要操作步骤如下。

❶ 打开人物素材文件，在"通道"面板中选择对比较强的通道并复制。

❷ 利用通道调整色阶，使用画笔工具对人物主体部分进行涂抹，将其完全涂黑。

❸ 调整通道中不够黑的区域，使图像呈现黑和纯白色。

❹ 将通道作为选区载入，再反选选区，使选区选中人物。

❺ 返回"图层"面板，选中图层中的内容，按【Ctrl+J】组合键复制选区中的内容。导入背景素材，设置背景。

11.2.2 校正偏色图像

1. 操作要求

本例要求对图11-71所示的偏色图像进行颜色校正，校正后的效果如图11-72所示。通过本例的学习，应该掌握图层蒙版结合其他操作编辑图像的方法。

图11-71 原图

图11-72 校正后的效果图

2. 专业背景

在拍摄人像时，由于灯光颜色或日照强度等原因，经常不能直接得到满意的图像色彩，需进行颜色调整。另外，在制作一些具有特殊风格的照片时，也需要对图像的色彩进行调整。

3. 操作思路

根据上面的操作要求，本例的操作思路如图11-73所示。

1）设置图层混合模式

2）应用图像效果

图11-73　校正偏色图像的操作思路

素材\第11课\上机实战\偏色照片.jpg
效果\第11课\上机实战\校正偏色照片.psd
演示\第11课\校正偏色照片.swf

❶ 打开素材文件，复制背景图层，选中复制的图层。

❷ 选择【滤镜】→【模糊】→【平均】命令，进行平均模糊。选择【图像】→【调整】→【反相】命令，使图像反向。

❸ 为复制的图层添加图层蒙版，设置图层混合模式为"滤色"。

❹ 选择【图像】→【应用图像】命令，在打开的"应用图像"对话框中设置图层为"背景"，通道为RGB，取消选中"反向"复选框，混合模式为"正常"，不透明度为100%，然后单击 确定 按钮。

❺ 拖动背景副本图层到"图层"面板下方的"创建新图层"按钮 上，生成背景副本2图层。

❻ 再次复制生成背景副本3图层，设置该图层的不透明度为"30%"，完成对偏色照片的校正。

11.3 常见疑难解析

问：怎样使图片之间很好地融合在一起？看不出图像的边缘？

答： 在图片上添加蒙版，然后用柔角的画笔工具或橡皮擦工具对图片进行处理，可以达到融合的效果。最后别忘了把图层的透明度降低，效果会更好。

问：在Photoshop中处理图像时，创建好的选区现在不用了，需要取消，但在之后如果还要使用该选区怎么办？

答： 创建选区后，使用【选择】→【存储选区】命令，在打开的对话框中可以输入文字作为这个选区的名称。如果不命名，Photoshop会自动以Alpha1、Alpha2、Alpha3这样的文字来命名。使用选区存储功能后，选区将被存储到通道中。想要再次使用该选区时，使用【选择】→【载入选区】命令就可以方便地使用之前存储的选区了。

问：存储包含有Alpha通道的图像会占用更多的磁盘空间，该怎么办呢？

答： 在制作完图像后，用户可以删除不需要的Alpha通道。方法是用鼠标把需要删除的通道拖到通道面板底部的"删除当前通道"按钮 ⬛ 上即可，也可在要删除的通道上单击鼠标右键，在弹出的快捷菜单中选择"删除通道"命令。

问： 在创建选区后，用什么方法可以改变蒙版的范围呢？

答： 可以通过设置"快速蒙版选项"对话框来改变蒙版范围，其方法是使用鼠标双击工具箱中的"以快速蒙版模式编辑"按钮 ▣ ，在打开的"快速蒙版选项"对话框中设置蒙版的区域等。

11.4 课后练习

（1）从"蜻蜓.jpg"素材文件中将蜻蜓的主题抠取出来，重点在于蜻蜓半透明翅膀的抠取，素材及效果如图11-74所示。本练习主要涉及色阶、反相、曲线等调节色彩对比的命令，以及通道的使用。

素材\第11课\课后练习\蒲公英.jpg、蜻蜓.jpg　　效果\第11课\课后练习\抠取蜻蜓.psd
演示\第11课\抠取蜻蜓图像.swf

图11-74　抠取蜻蜓图像

（2）本题需要为图11-75所示人物的头发染色，染色前后的图像对比效果如图11-41所示。由对比可以看出，头发的颜色自然地与发质融合在一起。

素材\第11课\课后练习\人物库.jpg　　效果\第11课\课后练习\为头发染色.psd
演示\第11课\为头发染色.swf

图11-75　染色头发前后的对比效果

第12课
滤镜的应用

学生：老师，很多处理后的照片与原来的照片明显有很大的差别，比如人物变瘦，这是怎么做到的呢？

老师：Photoshop有一个滤镜菜单，菜单下面包含了很多制作特殊效果的滤镜命令，只要了解这些滤镜的作用，就可使用这些滤镜制作出效果丰富的图像。

学生：好想马上就能学习滤镜的使用。

老师：别急，这一课我们就将学习滤镜的相关使用方法。

学生：那我们赶快开始吧！

学习目标

▶ **了解滤镜的相关知识**

▶ **掌握滤镜的设置方法**

▶ **掌握如何应用滤镜**

▶ **熟练使用滤镜制作图像特效**

12.1 课堂讲解

本课主要讲解滤镜的一些相关知识，以及滤镜的设置和应用。在Photoshop中，滤镜对图像的处理起着十分重要的作用，可以制作出各种特效，例始模拟素描、油画等。不同的滤镜产生不同的效果，同一滤镜也会产生不同的效果。

12.1.1 滤镜相关知识

在使用滤镜处理图像前，首先要了解什么是滤镜、应用滤镜的注意问题，以及滤镜的一般设置方法。下面将具体讲解。

1. 认识滤镜

滤镜是Photoshop中使用频率较高的功能之一，它可以编辑当前可见图层或图像选区内的图像效果，将其制作成各种特效。

滤镜有效地增强了Photoshop的功能，通过滤镜，用户可以轻易地制作出艺术性很强的专业图像效果。

2. 应用滤镜注意的问题

Photoshop滤镜的种类繁多，应用不同的滤镜功能，可产生不同的图像效果。但滤镜功能也存在以下局限性。

◎ 它不能应用于位图模式、索引颜色以及16位/通道图像。某些滤镜功能只能用于RGB图像模式，而不能用于CMYK图像模式，但用户可通过"模式"命令将其他模式转换为RGB模式。

◎ 滤镜是以像素为单位对图像进行处理的。因此，在对不同像素的图像应用相同参数的滤镜时，所产生的效果也会不同。

◎ 在对分辨率较高的图像文件应用某些滤镜功能时，会占用较多的内存空间，这时会造成计算机的运行速度减慢。

◎ 在对图像的某一部分应用滤镜时，可先羽化选取区域的图像边缘，使其过渡平滑。

在学习滤镜时，不能孤立地看待某一种滤镜效果，应针对滤镜的功能特征进行剖析，以达到真正认识滤镜的目的。

3. 滤镜的一般使用方法

在Photoshop CS6中，单击"滤镜"菜单，将打开如图12-1所示的"滤镜"菜单，其中提供了多个滤镜组，在滤镜组中还包含了多种不同的滤镜效果。各种滤镜的使用方法基本相似，只须打开并选择需要处理的图像窗口，再选择"滤镜"菜单下相应的滤镜命令，在打开的参数设置对话框中，将各个选项设置为适当的参数后，单击 确定 按钮即可。

图12-1　滤镜菜单

在各个参数设置对话框中，都有相同的预览图像效果的操作方法，如选择【滤镜】→【模糊】→【动感模糊】命令，将打开"动感模糊"对话框，如图12-2所示。

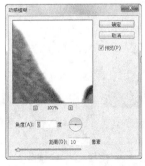

图12-2　滤镜对话框

该对话框中相关选项的作用介绍如下。

◎ **"预览"复选框**：选中该复选框，可在原图像中观察应用滤镜命令后的效果；取消选中该复选框，则只能通过对话框中的预览框来观察滤镜的效果。

◎ **□和⊞按钮**：用于控制预览框中图像的显示比例。单击□按钮可缩小图像的显示比例，单击⊞按钮可放大图像的显示比例。

在该对话框中，将鼠标指针移动到预览框中，当指针变成抓手形状🖐时，按住鼠标左键不放并拖动可移动视图的位置；将鼠标指针移动到原图像中，当指针变为□形状时，在图像上单击，可将预览框中的视图调整到单击处的图像位置。

12.1.2 简单滤镜的设置与应用

Photoshop中的一些滤镜并未完全显示在滤镜菜单中，在滤镜库中可找到这些滤镜。另外，Photoshop中还有一些特殊的滤镜，下面将进行具体讲解。

1. 滤镜库的设置与应用

Photoshop CS6中的滤镜库整合了"扭曲"、"画笔描边"、"素描"、"纹理"、"艺术效果"和"风格化"6种滤镜功能。通过该滤镜库，可对图像应用这6种滤镜功能的效果。

打开一张图片，选择【滤镜】→【滤镜库】命令，打开如图12-3所示的"滤镜库"对话框，具体参数作用介绍如下。

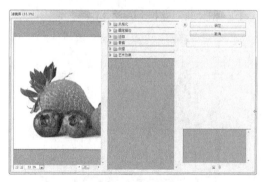

图12-3 滤镜库

◎ 在展开的滤镜效果中，单击其中一个效果命令，可在左边的预览框中查看应用该滤镜后的效果。

◎ 单击对话框右下角的"新建效果图层"按钮🔳，可新建一个效果图层。单击"删除效果图层"按钮🗑，可删除效果图层。

◎ 在对话框中单击🔼按钮，可隐藏效果选项，从而增加预览框中的视图范围。

2. 液化滤镜的设置与应用

液化滤镜用来使图像产生扭曲，用户不但可以自定义扭曲的范围和强度，还可以将调整好的变形效果存储起来或载入以前存储的变形效果。选择【滤镜】→【液化】命令，打开如图12-4所示的"液化"对话框，左侧列表中各工具含义如下。

图12-4 "液化"滤镜

◎ **向前变形工具**🌀：使用此工具可使被涂抹区域内的图像产生向前位移的效果，如图12-5所示。

图12-5 涂抹效果

◎ **重建工具**🖌：用于在液化变形后的图像上涂抹，可以将图像中的变形效果还原为原图像。

◎ **褶皱工具**🖼：使用此工具可以使图像产生向内压缩变形的效果。

◎ **膨胀工具**🔘：使用此工具可以使图像产生向外膨胀放大的效果。

◎ **左推工具** ✖✖：使用此工具可以使图像中的像素产生位移变形效果。

3. 消失点滤镜的设置与应用

使用消失点滤镜，可以在极短时间内达到令人称奇的效果。在消失点滤镜工具选定的图像区域内进行克隆、喷绘、粘贴图像等操作时，操作会自动应用透视原理，按照透视的角度和比例来自适应图像的修改，从而大大节约精确设计和修饰照片所需的时间

选择【滤镜】→【消失点】命令，打开如图12-6所示的"消失点"对话框，其中部分工具含义如下。

图12-6 "消失点"对话框

◎ **创建平面工具** ▦：打开"消失点"对话框后，系统默认选择该工具，这时可在预览框中不同的地方单击4次，以创建一个透视平面，如图12-7所示。在对话框顶部的"网格大小"下拉列表框中可设置显示的密度。

图12-7 创建透视平面

◎ **编辑平面工具** ▦：用来调整透视平面，其

调整方法与图像变换操作一样，拖动平面边缘的控制点即可，如图12-8所示。

图12-8 调整透视平面

◎ **图章工具** ▣：该工具与工具箱中仿制图章工具的使用方法完全相同，即在透视平面内按住【Alt】键并单击，对图像取样，然后在透视平面其他地方单击，将取样图像复制到单击处，复制后的图像保持与透视平面相同的透视关系。

4. 油画滤镜

油画滤镜是新增的滤镜，使用该滤镜可快速使图像呈现油画效果，还可以控制画笔的样式以及光线的方向和亮度。选择【滤镜】→【油画】命令，即可打开相应的滤镜对话框，如图12-9所示。

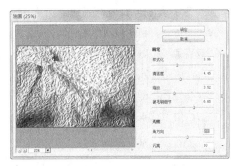

图12-9 "油画"对话框

其中各参数介绍如下。

◎ **"样式化"数值框**：用于调整笔触样式。

◎ **"清洁度"数值框**：用于设置纹理的柔化程度。

◎ **"缩放"数值框**：用于对纹理进行缩放。

◎ **"硬毛刷细节"数值框**：用于设置画笔细节的丰富程度，值越高，毛刷纹理越清晰。

◎ **"角方向"数值框**：用于设置光线的照射角度。

◎ **"闪亮"数值框**：用于设置纹理的清晰度，设置不同的值将产生不同的锐化效果。

5. 镜头矫正

镜头校正滤镜可修复常见的镜头缺陷，如桶形和枕形失真、晕影以及色差。选择【滤镜】→【镜头校正】命令，打开其参数设置对话框，如图12-10所示，部分选项含义如下。

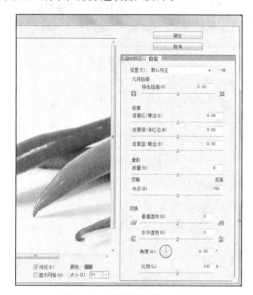

图12-10 "镜头校正"对话框

◎ **"移去扭曲"数值框**：用来调整图像中的镜头变形失真。当数值为正时，产生内陷效果；为负时，则产生向外膨胀的效果。

◎ **"垂直透视"数值框**：用来使图像在垂直方向上产生透视效果。

◎ **"水平透视"数值框**：用来使图像在水平方向上产生透视效果。

6. 案例——为人物瘦身

本案例将对图12-11所示的"运动.jpg"图像进行瘦身处理，瘦身后的效果如图12-12所示。通过该案例的学习，可以掌握液化滤镜的使用方法。

素材\第12课\课堂讲解\运动.jpg
效果\第12课\课堂讲解\人物瘦身.psd

图12-11 素材文件

图12-12 最终效果

❶ 打开"运动.jpg"图像，可以看到画面中人物的腰部和右手臂都有些赘肉。

❷ 选择【滤镜】→【液化】命令，打开"液化"对话框，选择褶皱工具 ，在对话框右侧设置画笔大小为86，在人物右手臂图像中按住鼠标左键并慢慢拖动，对手臂图像进行收缩处理，如图12-13所示。

图12-13 处理手臂

❸ 选择向前变形工具 ，在对话框右侧设置画笔

大小为76，然后在人物腰部按住鼠标左键不放并向内拖动，使腰部图像收缩，如图12-14所示。

图12-14　收缩腰部

❹ 单击 确定 按钮，完成液化滤镜的操作，得到瘦身效果。处理完成后保存图片。

⏱ 试一试

想一想本例中还可以使用什么工具对人物腰部进行瘦身处理。

12.1.3　滤镜组的使用

Photoshop CS6的滤镜菜单中提供了多个滤镜组。单击每一个滤镜组，可在其子菜单中选择该滤镜组中相关的具体滤镜，下面介绍这些滤镜组的应用。

1.　风格化滤镜组

风格化滤镜组主要通过移动和置换图像的像素并增加图像像素的对比度，生成绘画或印象派的图像效果。选择【滤镜】→【风格化】命令，展开的子菜单中共有9种命令。

📝 查找边缘

"查找边缘"滤镜可以突出图像边缘，该滤镜无参数设置对话框。打开如图12-15所示的素材图像，选择【滤镜】→【风格化】→【查找边缘】命令，得到如图12-16所示的效果。

图12-15　素材图像

图12-16　查找边缘效果

📝 等高线

使用"等高线"滤镜可以沿图像的亮区和暗区的边界绘出线条比较细、颜色比较浅的线条效果。选择【滤镜】→【风格化】→【等高线】命令，打开其参数设置对话框，如图12-17所示。在预览框中可以查看图像效果。

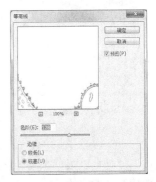

图12-17　"等高线"对话框

风

使用"风"滤镜可在图像中添加一些短而细的水平线来模拟风吹效果。选择【滤镜】→【风格化】→【风】命令，打开其参数设置对话框，如图12-18所示。在预览框中可以预览滤镜效果。

图12-18　"风"对话框

浮雕效果

"浮雕效果"滤镜可以通过勾绘选区的边界并降低周围的颜色值，使选区显得凸起或压低，生成浮雕效果。选择【滤镜】→【风格化】→【浮雕效果】命令，打开其参数设置对话框，如图12-19所示。在预览框中可以预览滤镜效果。

图12-19　"浮雕效果"对话框

扩散

"扩散"滤镜可以根据在其参数对话框中选择的选项搅乱图像中的像素，使图像产生模糊的效果。选择【滤镜】→【风格化】→【扩

散】命令，打开其参数设置对话框，如图12-20所示。在预览框中可以预览滤镜效果。

图12-20　"扩散"对话框

拼贴

"拼贴"滤镜可以将图像分解成许多小贴块，并使每个方块内的图像都偏移原来的位置，看上去好像整幅图像是画在方块瓷砖上一样。选择【滤镜】→【风格化】→【拼贴】命令，打开其参数设置对话框，如图12-21所示。设置参数后单击 确定 按钮，效果如图12-22所示。

图12-21　"拼贴"对话框

图12-22　"拼贴"效果

"拼贴"对话框中各项参数说明如下。

◎ **"拼贴数"数值框**：用于设置在图像每行和每列中要显示的最小贴块数。

◎ **"最大位移"数值框**：用于设置允许贴块偏移原始位置的最大距离。

◎ **"填充空白区域用"栏**：用于设置贴块间空

白区域的填充方式。

曝光过度

"曝光过度"滤镜可以产生图像正片和负片混合的效果，类似于显影过程中将摄影照片短暂曝光。该滤镜无参数设置对话框。

凸出

"凸出"滤镜可以将图像分成一系列大小相同，但有机叠放的三维块或立方体，生成一种3D纹理效果。选择【滤镜】→【风格化】→【凸出】命令，打开其参数设置对话框，如图12-23所示，设置的效果如图12-24所示。

图12-23 "凸出"对话框

图12-24 设置效果

照亮边缘

"照亮边缘"滤镜会向图像边缘添加类似霓虹灯的光亮效果。选择【滤镜】→【滤镜库】命令，在中间的滤镜栏中单击"风格化"将其展开，在其中可看到"照亮边缘"选项，如图12-25所示，单击该选项可应用该滤镜。

图12-25 照亮边缘

2. 模糊滤镜组

使用模糊滤镜组可以通过削弱相邻像素的对比度，使相邻像素间过渡平滑，从而产生边缘柔和、模糊的效果。在"模糊"子菜单中提供了"动感模糊"、"径向模糊"和"高斯模糊"等11种模糊效果。

表面模糊

"表面模糊"滤镜模糊图像时保留图像边缘，可用于创建特殊效果，以及用于去除杂点和颗粒。选择【滤镜】→【模糊】→【表面模糊】命令，其参数设置对话框如图12-26所示。

图12-26 "表面模糊"对话框

动感模糊

使用"动感模糊"滤镜可以使静态图像产生运动的效果。其原理是通过对某一方向上的像素进行线性位移来产生运动的模糊效果。其参数设置对话框如图12-27所示。

图12-27 "动感模糊"对话框

高斯模糊

使用"高斯模糊"滤镜可以对图像总体进行模糊处理，其参数设置对话框如图12-28所示。

图12-28 "高斯模糊"对话框

✎ **方框模糊**

"方框模糊"滤镜以邻近的像素的颜色平均值为基准模糊图像。选择【滤镜】→【模糊】→【方框模糊】命令,打开"方框模糊"对话框,如图12-29所示。"半径"选项用于设置模糊效果的强度,值越大,模糊效果越明显。

图12-29 "方框模糊"对话框

✎ **形状模糊**

使用"形状模糊"滤镜可以使图像按照某一形状进行模糊处理,其参数设置对话框如图12-30所示。

图12-30 "形状模糊"对话框

✎ **特殊模糊**

使用"特殊模糊"滤镜可以对图像进行精确模糊,是唯一不模糊图像轮廓的模糊方式,其参数设置对话框如图12-31所示。对话框中的"模式"下拉列表框中有3种模式。在"正常"模式下,"特殊模糊"滤镜与其他模糊滤镜差别不大"仅限边缘"模式可使边缘有大量颜色变化的图像的边缘扩大,图像边缘将变白,其余部分将变黑;在"叠加边缘"模式下,滤镜将覆盖图像的边缘。

图12-31 "特殊模糊"对话框

✎ **平均模糊**

使用"平均滤镜"可以对图像的平均颜色值进行柔化处理,从而产生模糊效果。该滤镜无参数设置对话框。

✎ **模糊和进一步模糊**

"模糊"和"进一步模糊"滤镜都用于消除图像中颜色明显变化处的杂色,使图像更加柔和,并隐藏图像中的一些缺陷,柔化图像中过于强烈的区域。"进一步模糊"滤镜产生的效果比"模糊"滤镜强。这两个滤镜都没有选项,可多次应用这两个滤镜来加强模糊效果。

❗ 技巧:使用滤镜命令后,按【Ctrl+F】组合键可以重复使用上一次使用过的滤镜。

镜头模糊

使用"镜头模糊"滤镜可以使图像模拟摄像时镜头抖动产生的模糊效果，其参数设置对话框如图12-32所示。

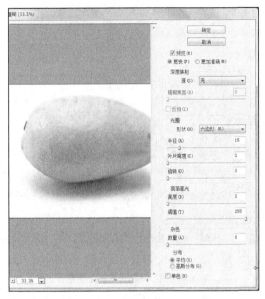

图12-32 "镜头模糊"对话框

部分选项含义如下。

◎ **"预览"复选框**：选中该复选框后可预览滤镜效果。其下方的单选项用于设置预览方式，选中"更快"单选项可以快速预览调整参数后的效果，选中"更加准确"单选项可以精确计算模糊的效果，但会增加预览的时间。

◎ **"深度映射"栏**：用于调整镜头模糊的远近。通过拖动"模糊焦距"数值框下方的滑块，便可改变模糊镜头的焦距。

◎ **"光圈"栏**：用于调整光圈的形状和模糊范围的大小。

◎ **"镜面高光"栏**：用于调整模糊镜面亮度的强弱程度。

◎ **"杂色"栏**：用于设置模糊过程中所添加的杂点数量和分布方式。该栏与添加杂色滤镜的相关参数设置相同。

径向模糊

使用"径向模糊"滤镜可以使图像产生旋转或放射状模糊效果，其参数设置对话框如图12-33

所示，模糊后的图像效果如图12-34所示。

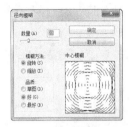

图12-33 "径向模糊"对话框

图12-34 模糊效果

3. 扭曲滤镜组

扭曲滤镜组用于对当前图层或选区内的图像进行多种扭曲变形处理。该组滤镜提供了13种滤镜效果。

波纹

波纹滤镜可以产生水波荡漾的涟漪效果。选择【滤镜】→【扭曲】→【波纹】命令，打开其参数设置对话框，在预览框中可以预览图像效果，如图12-35所示。

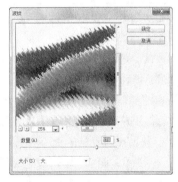

图12-35 "波纹"滤镜对话框

水波

"水波"滤镜可以沿径向扭曲选定范围或图像，产生类似水面涟漪的效果。选择【滤

镜】→【扭曲】→【水波】命令，打开如图
12-36所示的对话框，可在其中设置水波的具体
参数。

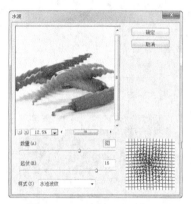

图12-36 "水波"滤镜对话框

玻璃

"玻璃"滤镜可以制造出不同的纹理，让
图像产生一种隔着玻璃观看的效果。在滤镜库
的"扭曲"栏中可选择该滤镜，打开如图13-37
所示的对话框。

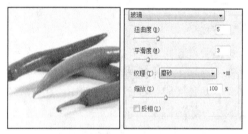

图12-37 "玻璃"滤镜对话框

其中部分选项含义如下。

◎ **"扭曲度"数值框**：用于调节图像扭曲变形
的程度，值越大，扭曲越严重。

◎ **"平滑度"数值框**：用于调整玻璃的平滑程度。

◎ **"纹理"下拉列表框**：用于设置玻璃的纹理
类型，其下拉列表框中有"块状"、"画
布"、"磨砂"和"小镜头"4个选项。

波浪

"波浪"滤镜对话框中提供了许多设置波
长的选项，可在选定的范围或图像上创建波浪
起伏的图像效果。选择【滤镜】→【扭曲】→
【波浪】命令，在打开的对话框中设置参数，

如图13-38所示。

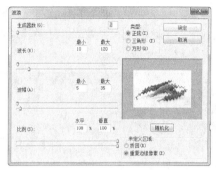

图12-38 "波浪"滤镜对话框

其中部分参数含义如下。

◎ **"波长"栏**：用于控制波峰间距，有"最
小"和"最大"两个选项，分别表示最短波
长和最长波长，最短波长值不能超过最长波
长值。

◎ **"波幅"栏**：用于设置波动幅度，有"最小"
和"最大"两个选项，表示最小波幅和最大波
幅，最小波幅值不能超过最大波幅值。

◎ **"比例"栏**：用于调整水平和垂直方向的波
动幅度。

◎ **随机化按钮**：单击该按钮，可按指定的设置
随机生成一个波浪图案。

海洋波纹

使用"海洋波纹"滤镜可以扭曲图像表
面，使图像有一种在水面下方的效果。在滤镜
库中可以选择"海洋波纹"滤镜，其滤镜效果
和参数设置区如图12-39所示。

图12-39 "海洋波纹"参数设置

旋转扭曲

使用"旋转扭曲"滤镜可以对图像产生顺
时针或逆时针旋转效果。选择【滤镜】→【扭
曲】→【旋转扭曲】命令，打开其参数设置对
话框，如图12-40所示。

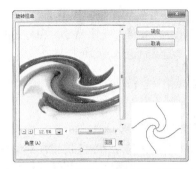

图12-40 "旋转扭曲"滤镜对话框

极坐标

"极坐标"滤镜可以将图像的坐标从直角坐标系转换到极坐标系。选择【滤镜】→【扭曲】→【极坐标】命令，打开"极坐标"对话框，各选项参数含义如下。

◎ **"平面坐标到极坐标"单选项**：从直角坐标系转化到极坐标系，如图12-41所示。

图12-41 平面坐标到极坐标

◎ **"极坐标到平面坐标"单选项**：从极坐标系转化到直角坐标系，如图12-42所示。

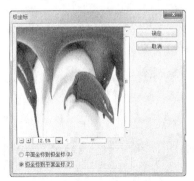

图12-42 极坐标到平面坐标

挤压

"挤压"滤镜可以使全部图像或选定区域内的图像产生一个向外或向内挤压的变形效果。选择【滤镜】→【扭曲】→【挤压】命令，打开其参数设置对话框，如图12-43所示。

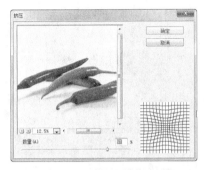

图12-43 "挤压"滤镜对话框

扩散光亮

"扩散光亮"是以工具箱中背景色为基色对图像进行渲染，做出透过柔和漫射滤镜观看的效果，亮光从图像的中心位置逐渐隐没。在滤镜库中选择该命令，图像效果和参数设置区如图12-44所示。

图12-44 "扩散光亮"滤镜

切变

通过"切变"滤镜可以使图像在水平方向产生弯曲效果。选择【滤镜】→【扭曲】→【切变】命令，打开"切变"对话框。在对话框左上角的方格框中的垂直线上单击可创建切变点，拖动切变点可实现图像的切变，如图12-45所示。

球面化

"球面化"滤镜模拟将图像包在球上，并扭曲、伸展图像来适合球面，从而产生球面化效果。选择【滤镜】→【扭曲】→【球面化】命令，打开其参数设置对话框，如图12-46所示。

图12-45 "切变"滤镜对话框

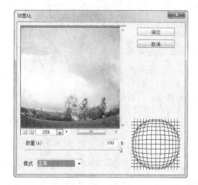

图12-46 "球面化"滤镜对话框

置换

"置换"滤镜的使用方法较特殊。使用该滤镜后，图像的像素可以向不同的方向移位，其效果不仅依赖于对话框，而且还依赖于置换的置换图。

选择【滤镜】→【扭曲】→【置换】命令，打开并设置"置换"对话框，如图12-47所示，单击 确定 按钮，在打开的对话框中选择置换的图片进行置换操作。

图12-47 "置换"滤镜对话框

4. 像素化滤镜组

大部分像素化滤镜会将图像转换成平面色块组成的图案，并通过不同的设置达到截然不

同的效果。像素化滤镜组提供了7种滤镜，选择【滤镜】→【像素化】命令，在弹出的子菜单中选择相应的滤镜项即可使用滤镜。

彩块化

使用"彩块化"滤镜可以使图像中纯色或相似颜色的像素结为彩色像素块，而使图像产生类似宝石刻画的效果。该滤镜没有参数设置对话框，直接应用即可，应用该滤镜后的效果比原图像模糊。

彩色半调

"彩色半调"滤镜是模拟在图像的每个通道上使用扩大的半调网屏效果。对于每个通道，该滤镜用小矩形将图像分割，并用圆形图像替换矩形图像，圆形的大小与矩形的亮度成正比。其参数控制区和对应的滤镜效果如图12-48所示。

图12-48 "彩色半调"滤镜对话框和效果

晶格化

"晶格化"滤镜是将相近的像素集中到一个纯色的有角多边形网格中。其参数控制区和对应的滤镜效果如图12-49所示。

图12-49 "晶格化"滤镜对话框

点状化

使用"点状化"滤镜可以使图像产生随机的彩色斑点效果,点与点间的空隙将用当前背景色填充。其参数控制区和对应的滤镜效果如图12-50所示。

图12-50 "点状化"滤镜对话框

铜版雕刻

使用"铜版雕刻"滤镜将在图像中随机分布各种不规则的线条和斑点,以产生镂刻的版画效果。其参数和对应的滤镜效果如图12-51所示。

图12-51 "铜版雕刻"滤镜对话框

马赛克

"马赛克"滤镜将把一个单元内所有拥有相似色彩的像素统一颜色后再合成更大的方块,从而产生马赛克效果。对话框中的"单元格大小"选项用于设置产生的方块大小。其参数控制区和对应的滤镜效果如图12-52所示。

碎片

使用"碎片"滤镜可以使图像的像素复制4倍,然后将它们平均移位并降低不透明度,从而

产生模糊效果。该滤镜无参数设置对话框。

图12-52 "马赛克"滤镜对话框

5. 渲染滤镜组

渲染滤镜组用于在图像中创建云彩、折射和模拟光线等。该滤镜组提供了5种滤镜。选择【滤镜】→【渲染】命令,在弹出的子菜单中选择相应的滤镜项即可使用。

分层云彩

"分层云彩"滤镜将使用随机生成的介于前景色与背景色之间的值,生成云彩图案效果。该滤镜无参数设置对话框。

光照效果

"光照效果"滤镜的功能相当强大,可以通过改变17种光照样式、3种光源,在RGB模式图像上产生多种光照效果。选择该效果后,Photoshop的界面会发生改变,如图12-53所示,其中工具属性栏和"属性"面板中显示了相关的灯光参数,默认选择聚光灯。

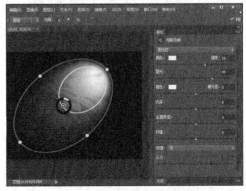

图12-53 "光照效果"对话框

工具属性栏中各选项含义如下。

◎ **"灯光"选项**:单击后,在打开的列表中可

选择聚光灯■、点光■、无限光■3种类型。单击其中任意一个按钮，即可在窗口中添加相应的光源。

◎ **"预设"下拉列表框**■■■■■■：单击该选项，在打开的列表中可选择Photoshop预设的灯光效果直接使用，如图12-54所示。

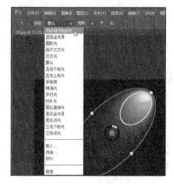

图12-54　预设灯光

◎ **"复位"按钮**■：对灯光进行调整后，单击该按钮，可将灯光的参数和位置恢复到初始状态。

◎ **"删除"按钮**：在"属性"面板下还有一个"光源"面板，单击其名称将其展开，如图12-55所示。在其中列出了添加的光源，选择其中的灯光，单击其下的■按钮，可将其删除。

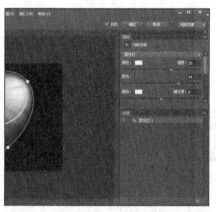

图12-55　"光源"面板

✎ **镜头光晕**

"镜头光晕"滤镜可以模拟亮光照射到相机镜头所产生的折射。其参数对话框如图12-56所示。

图12-56　"镜头光晕"对话框

✎ **纤维**

使用"纤维"滤镜可以将前景色和背景色混合生成一种纤维效果。其参数对话框如图12-57所示。

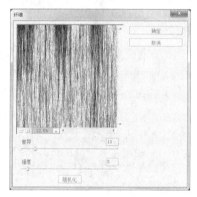

图12-57　"纤维"对话框

✎ **云彩**

使用"云彩"滤镜将在当前前景色和背景色间随机地抽取像素值，生成柔和的云彩图案效果。该滤镜无参数设置对话框。需要注意的是，应用此滤镜后，原图层上的图像会被替换。

6. 杂色滤镜组

杂色滤镜组主要用来向图像中添加杂点或去除图像中的杂点，通过混合干扰，制作出杂色像素图案的纹理。此外，杂色滤镜还可以创建一些颇有特点的纹理效果，或去掉图像中有缺陷的区域。杂色滤镜组提供了5种滤镜，选择【滤镜】→【杂色】命令，在弹出的子菜单中选择相应的滤镜项即可使用。

减少杂色

"减少杂色"滤镜用于去除在数码拍摄中，因为ISO值设置不当而导致的杂色，同时也可去除使用扫描仪扫描图像时，由于扫描传感器导致的图像杂色，其对话框如图12-58所示。

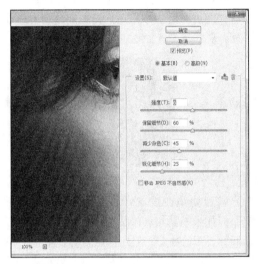

图12-58 "减少杂色"滤镜对话框

蒙尘与划痕

"蒙尘与划痕"滤镜用于将图像中有缺陷的像素融入周围的像素，达到除尘和隐藏瑕疵的目的。其参数控制区和对应的滤镜效果如图12-59所示。

图12-59 "蒙尘与划痕"滤镜对话框

添加杂色

"添加杂色"滤镜可以向图像随机地混合彩色或单色杂点。其参数控制区和对应的滤镜效果如图12-60所示。

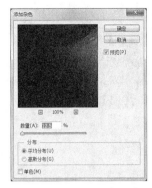

图12-60 "添加杂色"对话框

去斑

"去斑"滤镜可以对图像或选择区内的图像进行轻微的模糊和柔化处理，从而实现移去杂色的同时保留细节。该滤镜无参数设置对话框。

中间值

"中间值"滤镜可以通过混合图像中像素的亮度来减少图像的杂色。其参数控制区和对应的滤镜效果如图12-61所示。

图12-61 "中间值"对话框

7. 锐化滤镜组

锐化滤镜组能通过增加相邻像素的对比度来聚焦模糊的图像。该滤镜组提供了5种滤镜。选择【滤镜】→【锐化】命令，在弹出的子菜单中选择相应的滤镜项即可使用。

USM锐化

"USM锐化"滤镜可以锐化图像边缘，通过调整边缘细节的对比度，在边缘的每侧生成一条亮线和一条暗线。其参数控制区和对应的滤镜效果如图12-62所示。

图12-62 USM锐化滤镜

智能锐化

"智能锐化"的"智能"是相较于标准的USM锐化滤镜而言的。"智能锐化"滤镜的开发目的是用于改善边缘细节、阴影及高光锐化,在阴影和高光区域它能对锐化提供良好的控制。其参数控制区和对应的滤镜效果如图12-63所示。

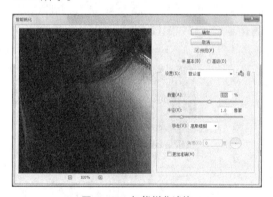

图12-63 智能锐化滤镜

锐化

"锐化"滤镜可以增加图像中相邻像素点之间的对比度,从而可聚焦选区并提高其清晰度。该滤镜无参数设置对话框。

进一步锐化

"进一步锐化"滤镜要比"锐化"滤镜的锐化效果更强烈。该滤镜无参数设置对话框。

锐化边缘

"锐化边缘"滤镜用来锐化图像的轮廓,使不同颜色之间分界更明显。该滤镜无参数设

置对话框。

8. 智能滤镜

选择【滤镜】→【转换为智能滤镜】命令,可以将图层转换为智能对象。应用于智能对象的任何滤镜都是智能滤镜。智能滤镜将出现在"图层"面板中应用这些智能滤镜的智能对象图层的下方,如图12-64所示。

图12-64 智能滤镜

普通滤镜在设置好后不能再进行重新编辑,但如果将滤镜转换为智能滤镜后,就可以对原来应用的滤镜效果进行编辑。单击"图层"面板中添加的滤镜效果可以打开设置的滤镜参数对话框,对其进行重新编辑。

> 提示:应用智能滤镜之后,可以将其(或整个智能滤镜组)拖动到"图层"面板中的其他智能对象图层上,但无法将智能滤镜拖动到常规图层上。

9. 案例——制作工笔荷花

本案例对"荷花.jpg"素材进行处理,制作如图12-65所示的工笔效果。通过该案例的学习,可以掌握各种滤镜的使用方法。

图12-65 最终效果

素材\第12课\课堂讲解\荷花.jpg
效果\第12课\课堂讲解\工笔荷花.psd

❶ 按【Ctrl+O】组合键打开"荷花.jpg"素材文件,拖动背景图层到"图层"面板下方的"创建新图层"按钮 上,创建一个背景副本图层。

❷ 选择【滤镜】→【模糊】→【高斯模糊】命令,在打开的对话框中设置如图12-66所示的参数,单击 确定 按钮得到模糊后的效果。

图12-66 高斯模糊

❸ 选择【滤镜】→【杂色】→【中间值】命令,在打开的对话框中设置如图12-67所示的参数,单击 确定 按钮。

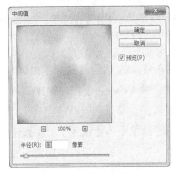

图12-67 中间值

❹ 拖动背景图层到"创建新图层"按钮 上,生成背景副本2图层,将该图层置于最顶层。按【Shift+Ctrl+U】组合键为图像去色,将图像转换为黑白图像,如图12-68所示。

图12-68 去色

❺ 选择【滤镜】→【风格化】→【查找边缘】命令,查找图像的边缘,效果如图12-69所示。

图12-69 查找边缘

❻ 在"图层"面板中设置背景副本2图层的图层混合模式为"正片叠底",得到图像边缘与色彩融合在一起的效果,如图12-70所示。

图12-70 正片叠底

❼ 再次拖动背景图层到"创建新图层"按钮 上,生成背景副本3图层,仍然将该图层置于最顶层。选择【图像】→【自动色调】命令,得到自动调整色调后的效果。

❽ 设置背景副本3图层的图层混合模式为"柔光",得到如图12-71所示的效果。完成工笔画的设置,最后保存图像。

图12-71 设置效果

12.2 上机实战

本课上机实战包括为森林图像添加光照效果和制作透明水泡效果，综合练习本章学习的知识点。

上机目标如下。

◎ 熟练掌握滤镜的作用和使用方法。

◎ 熟练掌握使用滤镜为图像增效的方法。

建议上机学时：4学时。

12.2.1 为森林添加光效

1. 操作要求

本例要求为图12-72所示的文件添加光照效果，完成后的参考效果如图12-73所示。通过本例的操作，应该掌握"蒙尘与划痕"滤镜、"径向模糊"滤镜、"USM锐化"滤镜的使用方法。

图12-72　素材文件

图12-73　效果文件

2. 专业背景

在拍摄风景照时，经常需要等一个好天气。若在光线不足的情况下拍摄风景照，在后期处理时，则应为这类风景照添加光线，使图像达到洒满阳光的效果。

3. 操作思路

根据上面的操作要求，本例的操作思路如图12-74所示。

1）蒙尘与划痕效果

2）USM锐化效果

图12-74　为森林添加光效的操作思路

> 素材\第12课\上机实战\树林.jpg
> 效果\第12课\上机实战\阳光照射效果.psd
> 演示\第12课\为森林增加光效.swf

❶ 按【Ctrl+O】组合键打开"树林.jpg"素材文件，按【Ctrl+J】组合键复制背景图层为图层1。

❷ 选择【滤镜】→【杂色】→【蒙尘与划痕】命令，在打开的对话框中设置半径为"12像素"，阈值为0。设置"图层1"的图层混合模式为"叠加"。

❸ 切换到"通道"面板，拖动"蓝通道"到"创建新通道"按钮 上，生成"蓝副本"通道。按【Ctrl+M】组合键打开"曲线"对话框，调整曲线以增大图像的对比度。

❹ 按住【Ctrl】键的同时单击Alpha 1通道，载入该通道的选区。切换到"图层"面

板，新建图层2，填充选区为"白色"，按【Ctrl+D】组合键取消选区。

❺ 选择【滤镜】→【模糊】→【径向模糊】命令，在打开的对话框中设置"数量"为"100"，"模糊方法"为"缩放"，"品质"为"好"。按【Ctrl+F】组合键重复执行径向模糊滤镜。

❻ 选择【滤镜】→【锐化】→【USM锐化】命令，在打开的对话框中设置"数量"为"334%"，"半径"为"13.5"像素，"阈值"为"0"。

❼ 选择【滤镜】→【模糊】→【径向模糊】命令，在打开的对话框中设置与步骤5相同的参数。

❽ 设置前景色为"白色"，选择渐变工具，设置"前景到透明"的径向渐变。在"图层"面板中新建图层3，沿阳光洒进方向拖动，得到渐变填充效果。

❾ 设置图层3的图层混合模式为"滤色"，不透明度为"70%"，完成为树林添加阳光照射效果的制作。

12.2.2 制作透明水泡

1. 操作要求

本例要求在图12-75所示的文件中制作透明水泡，效果如图12-76所示。通过本例的操作，应该掌握"镜头光晕"滤镜、"极坐标"滤镜等操作方法。

图12-75 素材文件

图12-76 效果文件

2. 专业背景

在找不到合适素材的情况下，经常需要自己动手创建素材。结合Photoshop中的滤镜、图层样式和色彩调整等功能，可使制作出的素材以假乱真。

3. 操作思路

根据上面的操作要求，本例的操作思路如图12-77所示。

1）极坐标镜头光源

2）滤色

图12-77 制作透明水泡的操作思路

 素材\第12课\上机实战\海底世界.jpg
效果\第12课\上机实战\水泡效果.psd
演示\第12课\制作透明水泡.swf

❶ 新建一个空白文件。新建图层1，填充为黑色。选择【滤镜】→【渲染】→【镜头光晕】命令，设置镜头光晕。

❷ 选择【滤镜】→【扭曲】→【极坐标】命令，在打开的对话框中选中"极坐标到平面坐标"单选项。

❸ 选择【编辑】→【变换】→【垂直翻转】命令将图像窗口垂直翻转。选择【滤镜】→【扭曲】→【极坐标】命令，选中"平面坐标到极坐标"单选项。

❹ 绘制椭圆选区，选择【选择】→【变换选区】命令，对选区进行调整。按

【Ctrl+Alt+D】组合键打开"羽化选区"对话框，羽化选区。

❺ 打开"海底世界.jpg"素材文件，拖动制作的水泡到"海底世界"文件窗口中。按

【Ctrl+T】组合键调整水泡大小。

❻ 设置图层1的图层混合模式为"滤色"，得到透明水泡效果。复制多个水泡，调整各水泡的大小与位置，完成水泡效果的制作。

12.3 常见疑难解析

问： 为什么有些滤镜不能使用？

答： 若"滤镜"菜单中的某些滤镜命令显示为灰色，就表示它们不能被使用。这通常是由于图像模式的不同而造成的。RGB模式的图像可以使用全部滤镜，一部分滤镜不能用于CMYK图像，索引和位图模式的图像不能使用任何滤镜。若要对位图、索引或CMYK图像应用滤镜，可先将其转换为RGB模式，再进行操作。

问： 哪些滤镜可以作为智能滤镜使用？

答： 除"液化"和"消失点"等少数滤镜之外，其他滤镜都可以作为智能滤镜使用，包括支持智能滤镜的外挂滤镜。

12.4 课后练习

（1）为素材文件"酒杯.jpg"添加水珠，效果如图12-78所示。本练习涉及"纤维"滤镜、"染色玻璃"滤镜、"塑料效果"滤镜、图层混合模式、图层蒙版的使用。

> 素材\第12课\课后练习\酒杯.jpg　　效果\第12课\课后练习\给酒杯添加水珠.psd
> 演示\第12课\给酒杯添加水珠.swf

（2）为素材文件"枝条.jpg"添加下雪效果，如图12-79所示。本练习涉及"点状化"滤镜、"阈值"命令、"高斯模糊"滤镜、"反相"命令和图层混合模式的操作。

> 素材\第12课\课后练习\一枝.jpg　　效果\第12课\课后练习\下雪效果.psd
> 演示\第12课\制作下雪效果.swf

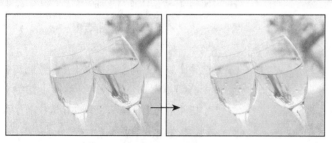

图12-78　为酒杯添加水珠

图12-79　制作下雪效果

第13课
3D功能的使用

学生：老师，Photoshop CS6 可以处理三维对象吗？

老师：可以，自 Photoshop CS4 以来，Photoshop 新增了 3D 扩展功能，在 Photoshop 的工作界面中新增了一个 3D 菜单，可辅助打开三维对象进行简单的编辑。

学生：那使用 Photoshop CS6 可以创建三维对象吗？

老师：也可以，不过 Photoshop 中的三维功能毕竟无法和专业的三维软件相比，只能进行一些最基本的操作。

学生：那我们赶快来学习吧。

学习目标

▶ 掌握3D 工具的使用方法

▶ 掌握3D 面板的使用方法

▶ 掌握属性面板中相关三维参数的调整
操作方法

13.1 课堂讲解

本课将讲解Photoshop中3D功能的使用，主要包括3D工具的使用和3D面板的介绍。通过相关知识点的学习和案例的制作，可以在Photoshop中编辑3D对象。

13.1.1 3D功能概述

Photoshop Extended可打开和处理由3ds Max、Maya、Alias、Google Earth等程序创建的3D文件。

1. 3D 操作界面

在Photoshop中打开3D文件时，会自动切换到3D界面，如图13-1所示。Photoshop能保留对象的纹理、渲染和光照信息，并将3D模型放在3D图层上，在其下面的条目中显示对象的纹理。

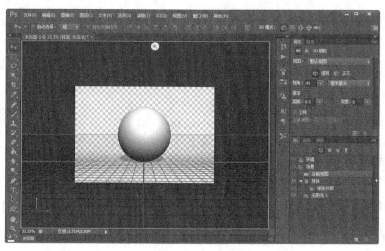

图 13-1　3D 操作界面

2. 3D 文件的组件

3D文件包含网格、材质和光源组件。网格相当于3D模型的骨骼；材质相当于3D模型的皮肤；光源相当于日光和白炽灯，用于照亮3D场景。

◎ **网格**：提供了 3D 模型的底层结构，由许多多边形框架组成线框。在 3D 面板中单击"显示所有场景元素"按钮 ，即可在属性面板中显示参数，如图 13-2 所示。在 Photoshop 中可以用多种渲染模式查看网格，也可以从 2D 图层创建 3D 网格。但要编辑 3D 模型最好是在 3D 程序中进行。

◎ **材质**：一个 3D 对象可被赋予多种材质，以控制 3D 对象的外观。材质用于模拟各种纹理和质感，如颜色、图案、反光等。

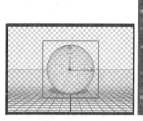

图 13-2　网格

◎ **光源**：光源包括点光、聚光灯和无限光。在 Photoshop 中可移动和调整现有光照的颜色和强度，也可添加新的光源。

13.1.2 使用3D工具

打开3D文件后，选择移动工具，其工具属性栏中的3D工具将被激活，如图13-3所示。使用这些工具可对3D模型的大小、位置和视图，以及光源等进行调整。

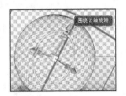

图 13-3　3D 工具

1. 调整 3D 对象

3D工具主要包含以下几种。

◎ **旋转 3D 对象工具**：在 3D 模型上单击，选择模型，然后上下拖动可使模型围绕其 X 轴旋转，向两侧拖动可使其绕 Y 轴旋转，按住【Alt】键的同时拖动则可以滚动模型。

◎ **滚动 3D 对象工具**：使用该工具在 3D 对象两侧拖动可以使模型围绕其 Z 轴旋转。

◎ **拖动 3D 对象工具**：使用该工具在 3D 对象两侧拖动可沿水平方向移动模型，上下拖动可沿垂直方向移动模型，按住【Alt】键的同时拖动可沿 X/Z 方向移动。

◎ **滑动 3D 对象工具**：使用该工具在 3D 对象两侧拖动可沿水平方向移动模型，上下拖动可将模型移近或移远，按住【Alt】键拖动可沿 X/Y 方向移动。

◎ **缩放 3D 对象工具**：使用该工具单击 3D 对象并上下拖动可放大或缩小模型；按住【Alt】键的同时拖动可沿 Z 方向缩放；按住【Shift】键并拖动可将旋转、平移、滑动或缩放操作限制为单一方向移动。

2. 调整 3D 相机

进入3D操作界面后，在模型以外的空间单击，可使用3D工具，通过操作调整相机视图，同时保持3D对象的位置不变。

3. 通过 3D 轴调整 3D 项目

选择3D对象后，画面中会出现3D轴，如图13-4所示，显示模型当前 X、Y 和 Z 轴的方向。将鼠标指针移至3D轴上，使其呈高亮显示，然后单击鼠标左键并拖动即可移动、旋转和缩放3D模型。

图 13-4　3D 轴

4. 使用预设的视图观察 3D 模型

调整3D相机时，可在"属性"面板中选择一个相机视图，包括"左视图"、"右视图"和"俯视图"等，如图13-5所示。

图 13-5　视图

调整"缩放"值，可让模型产生靠近或远离效果；调整"景深"参数，可让一部分对象处于焦点范围内，在焦点范围外产生模糊效果，使画面产生景深效果。

5. 案例——创建一个材质球

本案例将通过Photoshop中的3D功能，新建一个球体，并为其赋予材质，完成后的效果如图13-6所示。通过该案例的学习，可以掌握从图层新建网格，以及为对象赋予材质的方法。

图 13-6　材质球

 效果\第13课\课堂讲解\材质球.psd

❶ 启动 Photoshop CS6,选择【文件】→【新建】命令，新建一个 600 像素 × 400 像素，分辨

率为 72 像素 / 英寸的文件。

❷ 选择【3D】→【从图层新建网格】→【网格预设】→【球体】命令，如图 13-7 所示，新建一个三维球体。

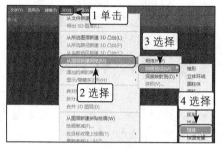

图 13-7　选择命令

❸ 在工具箱中用鼠标右键单击吸管工具，在打开的工具组中选择 "3D 材质吸管工具" ，如图 13-8 所示。

图 13-8　选择工具

❹ 使用该工具在球体上单击，对材质进行取样，此时属性面板中显示相关材质参数。单击材质球右侧的按钮 ，在弹出的材质球列表中选择 "趣味纹理" 选项，如图 13-9 所示。

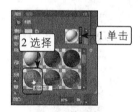

图 13-9　选择材质

❺ 系统即可自动应用该纹理材质，效果如图 13-10 所示。

图 13-10　应用材质纹理

❻ 选择【文件】→【存储】命令，将该 3D 文件存储为 PSD 格式。

13.1.3　使用3D面板

选择3D图层后，"3D" 面板中会显示与之关联的3D文件组件。面板顶部包含场景 、网格 、材质 和光源 按钮。单击这些按钮可在该面板中显示相关的组件和内容。

1. 3D 场景设置

通过3D场景设置可设置渲染模式、选择要绘制纹理或创建横截面。单击 "3D" 面板中的场景按钮 ，面板中会列出场景中的所有条目，如图13-11所示。

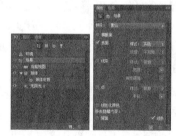

图 13-11　3D 场景设置

2. 3D 网格设置

单击 "3D" 面板顶部的网格按钮 ，让面板中只显示网格组件，此时可在 "属性" 面板中设置网格属性，如图13-12所示。

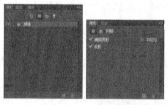

图 13-12　3D 网格设置

3. 3D 材质设置

单击 "3D" 面板顶部的材质按钮 ，面板中会列出在3D文件中使用的材质，此时可在 "属性" 面板中设置材质属性，如图13-13所示。若模型包含多个网格，则每个网格可能会有与之关联的特定材质。

图 13-13　3D 材质设置

4. 3D 光源设置

3D光源可以从不同角度照亮模型，从而添加逼真的深度和阴影。单击3D面板顶部的光照按钮，面板中会列出场景中包含的全部光源。Photoshop提供了点光、聚光灯和无限光3种光源，每种光都有其不同的选项和设置方法。在"属性"面板中可调整光源的参数，如图13-14所示。

图 13-14　3D 光源设置

5. 案例——从路径创建 3D 对象

本案例将在已绘制完成的路径文件基础上，制作一个3D凸出对象，并为其赋予材质，完成后的效果如图13-15所示。通过该案例的学习，可以掌握从路径创建3D对象的操作方法，并巩固为3D对象赋予材质的操作。

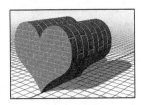

图 13-15　创建的 3D 对象

 效果\第13课\课堂讲解\心墙.psd

❶ 启动 Photoshop CS6，选择【文件】→【新建】命令，新建一个 600 像素 ×400 像素，分辨率为 72 像素 / 英寸的文件

❷ 新建图层 1，选择自定形状工具，在其属性栏中设置为"路径"绘制，并将形状设置为心形，然后在图像窗口中绘制一个心形路径，如图 13-16 所示。

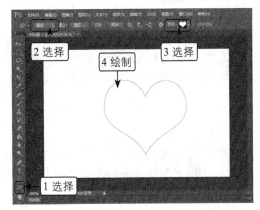

图 13-16　绘制路径

❸ 选择【3D】→【从所选路径新建3D凸出】命令，基于路径生成3D对象，如图13-17所示。

图 13-17　创建 3D 凸出

❹ 使用旋转 3D 对象工具，在画面中按住鼠标左键不放并拖动，调整对象的角度，效果如图 13-18 所示。

图 13-18　调整角度

❺ 选择 3D 材质吸管工具，在模型正面单击，选择材质。在"属性"面板中单击材质球右

侧的按钮■，在弹出的材质球列表中选择"石砖"材质，如图 13-19 所示。

13-20 所示。

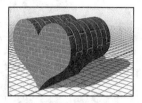

图 13-20   最终效果

图 13-19   添加材质

❻ 选择"3D 材质吸管工具" ，在模型侧面单击，选择材质，然后在"属性"面板中同样为侧面添加"石砖"材质，效果如图

⏱ 试一试

选择其他自定形状，或自己绘制一个路径，进行从路径凸出3D的操作，查看制作的3D效果。

13.2 上机实战

本课上机实战将分别练习从文字中创建3D对象和拆分3D对象的操作。通过这两种3D对象的制作方法，使读者了解在Photoshop CS6中制作3D对象的多种方法。

上机目标如下。

◎ 认识并了解 3D 功能。

◎ 掌握在 Photoshop 中制作 3D 对象的方法。

◎ 掌握为 3D 对象添加材质以及拆分 3D 对象的方法。

建议上机学时：4学时。

13.2.1 从文字中创建3D对象

1. 实例目标

本例要求从文字中创建3D对象，需要使用到"3D"菜单中的"从所选图层新建3D凸出"命令或【文字】→【凸出为3D】命令，完成后的效果如图13-21所示。通过本例的学习，可掌握从文字中创建3D对象的方法。

图 13-21   从文字中创建 3D 对象

2. 专业背景

在制作一些包含文字的海报时，立体的文字比平面的文字更能吸引眼球。在Photoshop未

加入3D功能时，若要使用3D文字，经常需要导入在专业3D软件中制作好的立体文字再进行编辑，费事费力。如今在Photoshop中可直接制作3D文字，并实时地看到文字效果，提高工作效率。

3. 操作思路

根据上面的操作要求，本例的操作思路如图13-22所示。

 效果\第13课\上机实战\文字3D.psd
演示\第13课创建文字3D对象.swf

文字3D

1）输入文字

2）凸出 3D

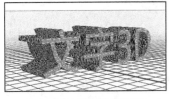

3）调整角度并新建光源

图 13-22 从文字凸出 3D 对象的操作思路

❶ 新建一个 600 像素 ×400 像素，分辨率为 72 像素 / 英寸的文件。使用横排文字工具在其中输入文字。

❷ 选择文字图层，选择【3D】→【从所选图层新建 3D 凸出】命令，创建 3D 文字。使用移动工具在文字上单击，将其选中，在"属性"面板中设置文字的凸出样式和凸出深度。

❸ 使用旋转 3D 对象工具调整文字的角度和位置；单击场景中的光源，调整其照射方向和参数。

❹ 在"3D"面板底部单击新建按钮，在打开的菜单中选择"新建无限光"命令，新建一个光源。

❺ 在"属性"面板中调整新建光源的位置和参数，并添加材质。最后保存文档。

13.2.2 拆分3D对象

1. 实例目标

本例要求拆分3D对象。在文件中制作完成3D对象后，再进行拆分，完成后的效果如图13-23所示。通过本例的学习，可掌握拆分3D对象的方法。

图 13-23 创建 3D 对象

2. 专业背景

整齐的文字会给人带来严肃的感觉，在制作以轻松、快乐为主题的海报、宣传单等作品时，常常需要打乱一些规则，使整个画面流动起来。

3. 操作思路

根据上面的操作要求，本例的操作思路如图13-24所示。

效果\第13课\上机实战\拆分3D对象.psd
演示\第13课\拆分3D对象.swf

1）绘制路径

2）凸出 3D

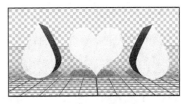

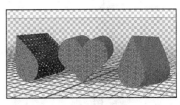

3）拆分 3D 对象

图 13-24 拆分 3D 对象的操作思路

❶ 新建 600 像素 ×400 像素，分辨率为 72 像素 / 英寸的文件。新建"图层 1"，使用自定

义形状工具在其中绘制 3 个路径，在制作时将这 3 个路径合并到同一个路径层中。

❷ 使用"从路径凸出"命令，为这 3 个路径制作 3D 凸出对象。使用旋转 3D 对象工具旋转 3D 对象。

❸ 选择【3D】→【拆分凸出】命令，将这 3 个对象拆分开，此后可选择任意一个对象进行调整，改变其旋转位置，最后保存。

13.3 常见疑难解析

问：在Photoshop中可以编辑哪种格式的3D文件？

答：在Photoshop中可以打开和编辑U3D、3DS、OBJ、KMZ、DAE格式的3D文件。

问：在Photoshop中可以为3D对象添加图片纹理吗？

答：可以。在"3D"面板中先要选中对象的纹理层，然后在"属性"面板中即可通过设置"漫射"中的图像，从而为3D对象添加图片纹理。

13.4 课后练习

（1）新建一个图形文件，通过"3D"菜单创建一个酒瓶，并为该酒瓶添加合适的材质，效果如图13-25所示。

> 效果\第13课\课后练习\酒瓶.psd　　演示\第13课\制作3D酒瓶.swf

（2）创建文字3D对象，然后拆分3D对象，调整拆分后文字的旋转和位置，并为文字添加材质，效果如图13-26所示。

> 效果\第13课\课后练习\拆分3D文字.psd　　演示\第13课\拆分3D文字.swf

图 13-25　酒瓶

图 13-26　拆分 3D 文字

第14课
动作与批处理文件

学生：老师，我想把JPG格式的图片全部更改为TIF格式，但是一张一张地改很麻烦，有没有什么快捷的方法呢？

老师：当然有。在Photoshop中可以使用动作和批处理，通过记录对一张图片的操作，然后将记录的操作批量应用到其他图像上。

学生：难不难呢？

老师：不难，这节课我们就将学习动作与批处理文件的制作。

学习目标

▶ 了解"动作"面板的组成

▶ 熟悉创建动作记录的方法

▶ 掌握"批处理"命令的操作方法

14.1 课堂讲解

动作就是对单个文件或一批文件回放的命令。大多数命令和工具操作都可以记录在动作中。本课主要讲解动作的使用和批处理文件的操作方法。

14.1.1 动作的使用

在Photoshop CS6中，对图像进行的一系列操作后，可以将这些操作有顺序地录制到"动作"面板中，然后就可以在后面的操作中，通过播放存储的动作，来对不同的图像重复执行这一系列的操作。通过"动作"功能的应用，就可以对图像进行自动化操作，从而大大提高工作效率。下面将进行具体讲解。

1. "动作"面板

在Photoshop中，自动应用的一系列命令称为"动作"。在"动作"面板中，程序提供了很多自带的动作，如图像效果、处理、文字效果、画框和文字处理等。选择【窗口】→【动作】命令，将打开如图14-1所示的"动作"面板。"动作"面板中各组成部分的名称和作用如下。

图14-1 "动作"面板

◎ **动作序列**：也称动作集，Photoshop提供了"默认动作"、"图像效果"和"纹理"等多个动作序列，每一个动作序列中又包含多个动作。单击"展开动作"按钮▶，可以展开动作序列或动作的操作步骤及参数设置。展开后单击▼按钮便可再次折叠动作序列。

◎ **动作名称**：每一个运作序列或动作都有一个名称，以便于用户识别。

◎ **"停止播放/记录"按钮■**：单击该按钮，可以停止正在播放的动作，或在录制新动作时单击暂停动作的录制。

◎ **"开始记录"按钮●**：单击该按钮，可以

开始录制一个新的动作，在录制的过程中，该按钮将显示为红色。

◎ **"播放选定的动作"按钮▶**：单击该按钮，可以播放当前选定的动作。

◎ **"创建新组"按钮▢**：单击该按钮，可以新建一个动作序列。

◎ **"创建新动作"按钮▣**：单击该按钮，可以新建一个动作。

◎ **"删除"按钮🗑**：单击该按钮，可以删除当前选定的动作或动作序列。

◎ **✓按钮**：若动作组、动作和命令前显示有该按钮状态，表示这个动作组、动作和命令可以执行；若动作组或动作前没有该按钮状态，表示该动作组或动作不能被执行；若某一命令前没有该按钮状态，则表示该命令不能被执行。

◎ **▢按钮**：✓按钮后的▢按钮，用于控制当前所执行的命令是否需要弹出对话框。当▢的按钮状态显示为灰色时，表示暂停要播放的动作，并打开一个对话框，用户可从中进行参数的设置；当▢的按钮状态显示为红色时，表示该动作的部分命令中包含了暂停操作。

◎ **展开与折叠动作**：在动作组和动作名称前都有一个三角按钮。当三角按钮呈▶状态时，单击该按钮可展开组中的所有动作或动作所执行的命令，此时该按钮变为▼状态；再次单击该按钮，可隐藏组中的所有动作和动作所执行的命令。

2. 动作的创建与保存

通过动作的创建与保存，用户可以将自己制作的图像效果，如画框效果、文字效果等制作成动作保存在计算机中，以避免重复的处理操作。

✎ 创建动作

打开要制作动作范例的图像文件，切换到

"动作"面板，单击面板底部的"创建新组"按钮 ，打开如图14-2所示"新建组"对话框。单击面板底部中的"创建新动作"按钮 ，打开"新建动作"对话框进行设置，如图14-3所示。

图14-2 "新建组"对话框

图14-3 "新建动作"对话框

"新建动作"对话框中各参数的作用介绍如下。

◎ **"名称"文本框**：在文本框中输入新动作名称。

◎ **"组"下拉列表框**：单击右侧的按钮 ，在下拉列表中选择放置动作的动作序列。

◎ **"功能键"下拉列表框**：单击右侧的按钮 ，在下拉列表中为记录的动作设置一个功能键。按下该功能键即可以运行对应的动作。

◎ **"颜色"下拉列表框**：单击右侧的按钮 ，可在下拉列表中选择录制动作色彩。

此时根据需要对当前图像进行所需的操作，每进行一步操作都将在"动作"面板中记录相关的操作项及参数，如图14-4所示。记录完成后，单击"停止播放/记录"按钮 完成操作。此后创建的动作将自动保存在"动作"面板上。

图14-4 记录动作

📝 **保存动作**

对于用户创建的动作将暂时保存在Photoshop CS6的"动作"面板中，在每次启动Photoshop后即可使用。如不小心删除了动作，或重新安装了Photoshop CS6后，用户手动制作

的动作将消失。因此，应将这些已创建好的动作以文件的形式进行保存，这样需使用时即可通过加载文件的形式，载入到"动作"面板中。

选择要保存的动作序列，单击"动作"面板右上角的 按钮，在弹出的菜单中选择"存储动作"命令；然后在打开的"存储"对话框中指定保存位置和文件名，如图14-5所示；完成后单击 保存(S) 按钮，即可将动作以ATN文件格式进行保存。

图14-5 存储动作

3. 动作的载入与播放

无论是用户创建的动作，还是Photoshop CS6软件本身提供的动作序列，都可通过播放动作的形式自动地对其他图像实现相应的图像操作。

📝 **载入动作**

如果需要载入保存在硬盘上的动作序列，可以单击"动作"面板右上角的 按钮，在弹出的菜单选择"载入动作"命令。在弹出的"载入"对话框中查找需要载入的动作序列的名称和路径，即可将所要载入的动作序列载入到"动作"面板中。

❗ 提示：单击 按钮后，也可直接选择其菜单底部相应的动作序列命令来载入，同时选择"复位动作"命令可以将"动作"面板恢复到默认状态。

播放动作

在录制并保存对图像进行处理的操作过程后，即可将该动作应用到其他图像中。打开需要应用该动作的图像文件，如图14-6所示。在"动作"面板中选择保存的动作，单击"播放选定的动作"按钮 ▶，如图14-7所示，即可将该动作应用到此图像上，如图14-8所示。

图14-6　打开图像

图14-7　播放动作

图14-8　处理效果

14.1.2　使用"批处理"命令

对图像应用"批处理"命令前，首先要通过"动作"面板将对图像执行的各种操作进行录制，保存为动作，从而进行批处理操作。下面将具体讲解。

打开需要批处理的所有图像文件或将所有文件移动到相同的文件夹中。选择【文件】→【自动】→【批处理】命令，打开"批处理"对话框，如图14-9所示，其中部分选项的含义如下。

图14-9　"批处理"对话框

◎ **"组"下拉列表框**：用于选择所要执行的动作所在的组。

◎ **"动作"下拉列表框**：用于选择所要应用的动作。

◎ **"源"下拉列表框**：用于选择需要批处理的图像文件来源。选择"文件夹"选项，单击按钮可查找并选择需要批处理的文件夹；选择"导入"选项，则可导入其他途径获取的图像，从而进行批处理操作；选择"打开的文件"选项，可对所有已经打开的图像文件应用动作；选择"Bridge"选项，则可对文件浏览器中选取的文件应用动作。

◎ **"目标"下拉列表框**：用于选择处理文件的目标。选择"无"选项，表示不对处理后的文件做任何操作；选择"存储并关闭"选项，可将进行批处理的文件存储并关闭以覆盖原来的文件；选择"文件夹"选项，并单击下面的按钮，可选择目标文件所保存的位置。

◎ **"文件命名"栏**：在"文件命名"栏中的6个下拉列表框中，可指定目标文件生成的命名形式。在该选项区域中还可指定文件名的兼容性，如Windows、Mac OS以及UNIX操作系统。

◎ **"错误"下拉列表框**：在该下拉列表框中可指定出现操作错误时软件的处理方式。

14.1.3　创建快捷批处理方式

使用"创建快捷批处理"命令的操作方法与"批处理"命令相似，只是在创建快捷批处理方式后，在相应的位置会创建一个快捷方式图标 ，用户只须将需要处理的文件拖至该图标上即可自动对图像进行处理。

选择【文件】→【自动】→【创建快捷批处理】命令，打开"创建快捷批处理"对话框，如图14-10所示。在该对话框中设置好快捷批处理和目标文件的存储位置以及需要应用的动作后，单击 确定 按钮。

打开存储快捷批处理的文件夹，即可在其中看到一个 快捷图标。使用时将需要应用该动作的文件拖到该图标上即可自动完成图片的处理。

图14-10　"创建快捷批处理"对话框

14.2　上机实战

本课上机实战将制作旧照片和包装盒效果，综合练习本课学习的知识点，熟练掌握动作与批处理文件的操作方法。

上机目标如下。

◎　掌握"动作"面板的操作。

◎　熟练掌握"批处理"命令的使用。

建议上机学时：2学时

14.2.1　快速制作旧照片

1．实例目标

本实例将对素材"小屋.jpg"图像制作旧照片效果，参考效果如图14-11所示。制作时首先要选择所需的动作组，然后播放动作，即可得到旧照片效果。

图14-11　效果

2．操作思路

根据上面的操作要求，本例的操作思路如图14-12所示。

1）选择动作组

2）播放动作

图14-12　快速制作旧照片的操作思路

素材\第14课\上机实战\小屋.jpg
效果\第14课\上机实战\旧照片.psd
演示\第14课\制作旧照片.swf

❶ 打开"小屋.jpg"图像文件,选择【窗口】→【动作】命令,打开"动作"面板。

❷ 单击"动作"面板右侧的▬▬按钮,在弹出的菜单中选择"图像效果"命令,这时"动作"面板中将添加图像效果动作组。

❸ 选择"仿旧照片"动作,单击面板底部的"播放选定的动作"按钮▶,图像中将会作自动操作,得到旧照片效果。

14.2.2 批处理图像格式

1. 实例目标

本实例将为文件夹中的所有图像转换图像模式。为了实现一次处理多个图像文件的目的,需要运用到Photoshop CS6中的"批处理"命令。

2. 操作思路

根据上面的操作要求,本例的操作思路如图14-13所示。

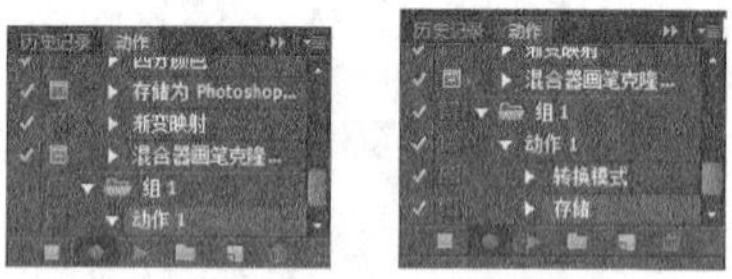

1)新建组和动作　2)记录动作

图14-13　批处理图像格式的操作思路

素材\第14课\上机实战\照片\
效果\第14课\上机实战\照片\
演示\第14课\批处理图像格式.swf

❶ 将所有需要处理的图片移到同一个文件夹中,打开其中一张图片,在"动作"面板中新建一个名称为"批处理"的动作组,并在该组中新建一个动作,进入记录动作状态。

❷ 选择【图像】→【模式】→【CMYK颜色】命令,将当前图片转换为CMYK模式。

❸ 选择【文件】→【存储为】命令,将图像存储为TIFF格式。然后单击"动作"面板中的"停止播放/记录"按钮▣,动作面板中显示相关动作的记录。

❹ 选择【文件】→【自动】→【批处理】命令,在打开的对话框中将"组"设置为"批处理","动作"设置为"动作1";单击"源"下拉列表框下的 选择(C)... 按钮,在其中选择需要处理的文件夹;将"目标"设置为"文件夹",单击其下的 选择(C)... 按钮,选择目标文件的存放位置,单击 确定 即可完成批处理操作。

14.3 常见疑难解析

问:如何在Photoshop CS6中批量将图片改成相同的尺寸?

答:先打开一幅需要改变尺寸的图片,同时打开"动作"面板;然后按下动作的录制键,对图片进行操作;完成图片操作后,按【Ctrl+W】组合键,再按【Enter】键,保存修改结果,同时停止动作录制;在"动作"面板中对刚才录制的每一步操作过程进行复制,同时打开多张图片,按下"动作"面板中的播放键即可。

问:在Photoshop CS6中输入文字,再使用其他命令,当记录下这些操作后,播放该动作时,为什么只能播放其他命令,而不能播放输入的文字呢?

答:在Photoshop CS6中用"动作"面板录制下的输入的文字,是不能对其他图片实行的。

14.4 课后练习

（1）打开任意一张图片，使用动作面板录制对该图片进行的一系列操作。

（2）打开"猫咪.jpg"素材图像，如图14-14所示，通过播放"木质画框"动作为其添加效果。

◎ 在"动作"面板的快捷菜单中选择"画框"命令，再选择"木质画框"。

◎ 单击"播放选定的动作"按钮 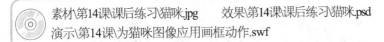 对当前图片应用该动作，观察当前图像应用该动作后的效果。

◎ 制作后的效果如图14-15所示。

素材\第14课\课后练习\猫咪.jpg　　效果\第14课\课后练习\猫咪.psd
演示\第14课\为猫咪图像应用画框动作.swf

图14-14　素材图像

图14-15　播放动作后的效果

（3）将第2题中记录的动作创建为快捷批处理方式，将其他需要处理的图片拖到生成的快捷批处理图标上，然后观察这些图片的变化。

第15课
打印和输出图像

学生：老师，我已经学会了Photoshop CS6的大多数功能，下面我要怎样把制作的图像打印出来呢？

老师：不同的作品有不同的打印方法，也应当使用不同属性的打印机来打印。在工作中遇到相关的问题时，应具体问题具体分析。

学生：那现在能说说图像在设计前的一些准备工作，以及如何打印输出图像吗？

老师：当然可以。本课将要介绍图像的印前处理及输出，如在设计图像之前应当准备什么、如何为图像定稿、如何对在计算机中校正色彩。

学生：那我们就一起来学习吧！

学习目标

▶ 了解图像设计前的印前准备工作

▶ 了解设计提案和定稿

▶ 掌握色彩校正和分色以及打样操作

▶ 了解和掌握 Photoshop 与其他软件之间的协作关系

▶ 熟练打印页面的设置

▶ 掌握 "打印" 对话框参数设置

15.1 课堂讲解

本课主要讲解图像在印刷前的处理以及在计算机中输出图像的相关操作。通过本章的学习，可以了解输出图像的相关知识，并掌握设置最佳输出效果的方法。

15.1.1 图像设计与印前流程

要想制作一个成功的设计作品，不仅需要掌握熟练的软件操作能力，还需要在设计图像之前就做好准备工作。下面将介绍图像设计与印刷前的流程。

1. 设计前准备

在设计广告之前，首先需要在对市场和产品调查的基础上，对获得的资料进行分析与研究，通过对特定资料和一般资料的分析与研究，可初步寻找出产品与这些资料的连接点，并探索它们之间各种组合的可能性和效果，并从资料中去伪存真、保留有价值的部分。

2. 设计提案

在拥有大量第一手资料的基础上，对初步形成的各种组合方案和立意进行酝酿和选择，从新的思路去获得灵感。在这个阶段，设计者还可适当多参阅、比较相类似的构思，以利于调整创意与心态，使思维更为活跃。

在经过以上阶段之后，创意将会逐步明朗化，它会在设计者不经意的时候突然涌现。这时可以制作设计草稿，制定初步设计方案。

3. 设计定稿

从数张设计草图中选定一张作为最后方案，然后在计算机上做设计正稿。针对不同的广告内容可以选择使用不同的软件来制作，现在运用最为广泛的是Photoshop软件，它能制作出各种特殊图像效果，为画面增添丰富的色彩。

4. 色彩校准

如果显示器显示的颜色有偏差或者打印机在打印图像时造成的图像颜色有偏差，将导致印刷后的图像色彩与在显示器中所看到的颜色不一致。因此，图像的色彩校准是印前处理工作中不可缺少的一步，色彩校准主要包括以下几种。

◎ **显示器色彩校准**：如果同一个图像文件的颜色在不同的显示器或不同时间在同一显示器上的显示效果不一致，就需要对显示器进行色彩校准。有些显示器自带色彩校准软件，如果没有，用户可以手动调节显示器的色彩。

◎ **打印机色彩校准**：在计算机显示屏幕上看到的颜色和用打印机打印到纸张上的颜色一般不能完全匹配，这主要是因为计算机产生颜色的方式和打印机在纸上产生颜色的方式不同。要让打印机输出的颜色和显示器上的颜色接近，设置好打印机的色彩管理参数和调整彩色打印机的偏色规律是非常重要的。

◎ **图像色彩校准**：图像色彩校准主要是指图像设计人员在制作过程中或制作完成后对图像的颜色进行校准。当用户指定某种颜色后，在进行某些操作后颜色有可能发生变化，这时就需要检查图像的颜色和当时设置的CMYK颜色值是否相同，如果不同，可以通过"拾色器"对话框调整图像颜色。

5. 分色和打样

图像在印刷之前必须进行分色和打样，二者也是印前处理的重要步骤，下面将分别进行讲解。

◎ **分色**：在输出中心将原稿上的各种颜色分解为黄、品红、青、黑4种原色。在计算机印刷设计或平面设计软件中，分色工作就是将扫描图像或其他来源图像的颜色模式转换为CMYK模式。

◎ **打样**：印刷厂在印刷之前，需要将所印刷的作品交给出片中心。出片中心先将CMYK

模式的图像进行青色、品红、黄色和黑色4种胶片的分色,再进行打样,从而检验制版阶调与色调能否取得良好再现,并将复制再现的误差及应达到的数据标准提供给制版部门,作为修正或再次制版的依据,最后确认打样校正无误后交付印刷中心进行制版、印刷。

15.1.2 Photoshop图像文件的输出

Photoshop可以与很多软件结合起来使用,这里主要介绍两个常用软件,即Illustrator、CorelDRAW。下面将进行具体讲解。

1. 将Photoshop路径导入到Illustrator中

通常情况下,Illustrator能够支持许多图像文件格式,但有一些图像格式不行,包括RAW、RSR格式。打开Illustrator软件,选择【文件】→【置入】命令,找到所需的.PSD格式的文件即可将Photoshop图像文件置入到Illustrator中。

2. 将Photoshop路径导入到CorelDRAW中

在Photoshop中绘制好路径后,可以选择【文件】→【导出】→【路径到Illustrator】命令,将路径文件存储为AI格式,然后切换到CorelDRAW中,选择【文件】→【导入】命令,即可将存储好的路径文件导入到CorelDRAW中。

3. Photoshop与其他设计软件的配合使用

Photoshop除了与Illustrator、CorelDRAW配合起来使用之外,还可以在FreeHand、PageMaker等软件中使用。

将FreeHand置入Photoshop文件可以通过按【Ctrl+R】组合键来完成。如果FreeHand的文件是用来输出印刷的,置入的Photoshop图像最好采用TIFF格式,因为这种格式储存的图像信息最全,输出最安全,当然文件也最大。

在PageMaker中,多数常用的Photoshop图像都能通过置入命令来转入图像文件,但对于PSD、PNG、IFF、TGA、PXR、RAW、RSR

格式的文件,由于PageMaker并不支持,所以需要将它们转换为其他可支持的文件来置入。Photoshop中的EPS格式文件可以在PageMaker中产生透明背景效果。

15.1.3 图像的打印输出

图像处理校准完成后,接下来的工作就是打印输出。为了获得良好的打印效果,掌握正确的打印方法是很重要的。只有掌握打印输出的操作方法,才能将设计好的图像作品作为室内装饰品、商业广告或用来个人欣赏等。下面将具体介绍图像的打印输出操作。

1. 打印图像

在打印图像之前还需要对图像进行一些常规设置,包括设置打印图纸的大小、图纸放置方向、打印机的名称、打印范围和打印份数等参数。

选择【文件】→【打印】命令,打开"Photoshop打印设置"对话框,这时可以看到准备打印的图像在页面中所处的位置及图像尺寸等数据,如图15-1所示,其中部分选项含义如下。

图15-1 "打印"对话框

◎ "位置"栏:用来设置打印图像在图纸中的位置,系统默认在图纸居中放置。取消选中"居中"复选框,可以在激活的选项和数值框中手动设置其放置位置。

◎ "缩放后的打印尺寸"栏:用来设置打印图像在图纸中的缩放尺寸,选中"缩放以适合介质"复选框后系统会自动优化缩放。

2. 设置打印页面

在打印输出图像前，用户一般都应根据打印输出的要求对纸张的布局和纸张质量等进行设置。

在Photoshop CS6中打开需要打印的图像文件，选择【文件】→【打印】命令，在打开的对话框中单击 打印设置... 按钮，即可打开相应的文档属性设置对话框，如图15-2所示。在"纸张/质量"选项卡下的"纸张来源"下拉列表框中选择打印纸张的进纸方式，并可设置纸张的尺寸等内容。

图15-2 "文档属性"对话框

15.2 上机实战

本课的上机实战将分别打印一个设计作品和一张寸照，综合练习本章学习的知识点，熟练掌握图像的印刷前和打印输出的操作方法。

上机目标如下。

◎ 熟练掌握"打印"对话框的设置。

◎ 掌握寸照的打印。

建议上机学时：3学时

15.2.1 设置并打印作品

1. 实例目标

本实例将为一张"风景.jpg"素材图像进行打印设置，如图15-3所示。

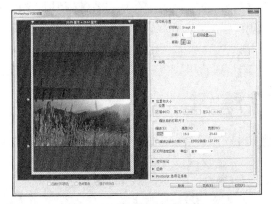

图15-3 设置图像打印参数

2. 专业背景

在打印作品时，用户还需要掌握一些纸张大小和开本的专业知识。

通常将一张按国家标准分切好的平板原纸称为全开纸。在以不浪费纸张、便于印刷和装订生产作业为前提下，把全开纸裁切成面积相等的若干小张称之为多少开数；将它们装订成册，则称为多少开本。

在打印时，应根据需要选择合适的纸张大小进行打印。

3. 操作思路

了解关于纸张大小和开本的相关专业知识后便可对打印属性进行设置了。根据上面的实例目标，打印风景照的具体操作如下。

素材\第15课\上机实战\风景.jpg
　演示\第15课\设置图像打印参数.swf

❶ 打开"风景.jpg"图像，使用选区工具选取需要打印的图像部分。

❷ 通过"打印"对话框设置其打印属性，最后对其进行打印。

15.2.2 打印寸照

1. 实例目标

本例将为一个少女的证件照进行打印操作，需要打印的寸照如图15-4所示。本例主要通过"打印"对话框对图像进行高度、宽度等进行设置，并且还需要设置好图像在页面中的位置及方向。

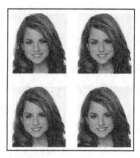

图15-4 打印寸照

2. 操作思路

每个人都有制作证件照片的时候，制作好后就需要对照片进行打印。打印寸照的具体操作如下。

❶ 打开"寸照.jpg"图像文件，选择【文件】→【打印】命令，打开"打印"对话框。

❷ 在对话框中设置页面方向、缩放和高度等参数，单击 打印(P) 按钮即可。

　素材\第15课\上机实战\寸照.jpg
　演示\第15课\打印寸照.swf

15.3 常见疑难解析

问：**打印图像时，如何设置打印药膜选项？**

答：如果是在胶片上打印图像，应将药膜设置为朝下；若打印到纸张上，一般选择打印正片。若直接将分色打印到胶片上，将得到负片。

问：**什么是偏色规律？如果打印机出现偏色，该怎么解决呢？**

答：所谓偏色规律是指由于彩色打印机中的墨盒使用时间较长或其他原因，造成墨盒中的某种颜色偏深或偏浅。调整的方法是更换墨盒或根据偏色规律调整墨盒中的墨粉，如对偏浅的墨盒添加墨粉。为保证色彩正确也可以请专业人员进行校准。

15.4 课后练习

（1）新建一个CMYK色彩模式的空白文件，使用画笔工具在Photoshop中绘制一幅图像，然后将该图像打印出来。

（2）任意打开一张照片，练习设置打印选项参数，然后将其打印到一张A4的纸张上。

（3）根据海报的实际尺寸，在Photoshop中制作一幅海报，然后打印该海报。

第16课
综合实例

学生：老师，我终于学完Photoshop CS6的主要功能了，但是我感觉还不能灵活运用，综合使用这些功能让我有些茫然。

老师：我们学习了软件的使用，但在实际应用中需要结合具体的案例来制作，因此通常会结合一些工具和功能对图像进行编辑。

学生：那该怎样进行编辑呢?

老师：别急，这涉及设计思路的知识，这些知识需要在日常工作中慢慢积累，等熟练了之后自然就知道该如何制作一幅完整的作品。这节课就以一个实例来讲解如何综合使用Photoshop中的工具和功能。

学习目标

▶ 了解平面广告的种类

▶ 熟悉Photoshop中各功能的操作

16.1 课堂讲解

本课将讲解如何制作一个茶叶包装广告，通过制作该作品，综合练习Photoshop CS6的使用方法，同时介绍一些平面设计的相关知识。

16.1.1 实例目标

学习了Photoshop CS6软件的操作知识后，下面设计制作一个茶叶包装，效果如图16-1所示。制作本实例时，首先使用茶树图像作为背景图像，对图像进行校色处理，然后绘制放置文字的区域和图片，导入茶具图像，最后设计茶文字并输入相关信息，点明主题。

图16-1　茶包装

16.1.2 专业背景

使用Photoshop CS6能够制作许多类型的平面广告设计，如DM单设计、包装设计、书籍装帧设计等，下面进行介绍。

1. 平面设计的概念

设计是有目的的策划，平面设计是这些策划将要采取的形式之一。在平面设计中需要用视觉元素为人们传播设想和理念，用文字和图形把信息传达给大众，让人们通过这些视觉元素了解广告画面中所要表达的主题和中心思想，以达到设计的目的。

2. 平面设计的种类

平面设计包含的类型较广，归纳起来说，包含以下几大类。

✎ DM单广告设计

DM单指以邮件方式，针对特定消费者寄送广告的宣传方式，为仅次于电视、报纸的第三大平面媒体。DM单广告可以说是目前最普遍的广告形式，如图16-2所示。

图16-2　DM单

✎ 包装设计

包装设计就是要从保护商品、促进销售、方便使用的角度，进行容器、材料和辅助物的造型、装饰设计，从而达到美化生活和创造价值的目的，如图16-3所示。

图16-3　包装设计

✎ 海报设计

海报又称之为招贴，其意是指展示于公共场所的告示。海报特有的艺术效果及美感条件，是其他任何媒介无法比拟的，设计史上最具代表性的大师，大多因其在海报设计上的非凡成就而名垂青史。

平面媒体广告设计

主流媒体包括广播、电视、报纸、杂志、户外平面、互联网等，与平面设计有直接关系的主要是报纸、杂志、户外平面、互联网，我们称之为平面媒体。广播主要是以文案取胜，影视则主要以动态的画面取胜，应该说包括互联网在内，我们通常称这三者为多媒体。

POP广告设计

POP广告是购物点广告或售卖点广告。总体来说，凡应用于商业专场，提供有关商品信息，促使商品得以成功销售出去的所有广告、宣传品，都可称之为POP广告。

书籍设计

书籍设计又称之为书籍装帧设计，用于塑造书籍的"体"和"貌"。"体"就是为书籍制作装内容的容器，"貌"则是将内容传达给读者的外衣。书籍设计的内容就是通过装饰将"体"和"貌"构成完美的统一体。

VI设计

VI设计全称为VIS（Visual Identity System）设计，意为视觉识别系统设计，是CIS系统中最具传播力和感染力的部分。

网页设计

网页设计包含静态页面设计与后台技术衔接两大部分。它与传统平面设计项目的最大区别就是，最终展示给大众的形式不是依靠印刷技术来实现的，而是通过计算机屏幕与多媒体的形式展示出来。

16.1.3 制作分析

了解了平面设计专业知识后，就可以开始设计制作了。根据上面的实例目标，本例的操作思路如图16-4所示。

1）制作底纹

2）嵌入包装文字

3）变形成立体

图16-4 制作茶叶包装的操作思路

16.1.4 制作过程

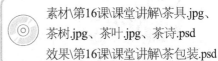

素材\第16课\课堂讲解\茶具.jpg、茶树.jpg、茶叶.jpg、茶诗.psd
效果\第16课\课堂讲解\茶包装.psd

❶ 新建一个8厘米×8厘米，分辨率为300像素/英寸的文档。显示标尺，并创建如图16-5所示的参考线。

图16-5　新建文档并创建参考线

❷ 新建图层1，设置前景色为绿色（R:0,G:128,
B:0），沿参考线绘制矩形选区，并用前景
色填充选区，如图16-6所示。

图16-6　填充选区

❸ 打开"茶树.jpg"素材文件，使用移动工具
将其拖动到新建图像中，注意对齐参考线，
如图16-7所示。

图16-7　打开茶树素材文件

❹ 在"图层"面板中设置图层2的不透明度为
"70%"，使该图层中的图像融入到背景
中，如图16-8所示。

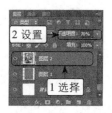

图16-8　设置不透明度

❺ 打开"茶叶.jpg"素材文件，使用移动工具
将其拖动到新建图像中，注意对齐参考线，
自动生成图层3。

图16-9　打开茶叶文件

❻ 为图层3添加图层蒙版，选择画笔工具，设
置画笔直径为"125px"，不透明度和流量
均为"30%"，不断涂抹茶叶周围黑色的区
域，得到如图16-10所示的效果。

图16-10　添加图层蒙版并进行绘制

❼ 选择钢笔工具，沿参考线绘制封闭矩形路径，
并将其编辑成如图16-11所示的形状，然后按
【Ctrl+Enter】组合键将路径转换为选区。

❽ 新建图层4，设置前景色为淡黄色（R:235,
G:239,B:208），按【Alt+Delete】组合键填
充前景色，如图16-12所示。

图16-11　绘制矩形路径

图16-12　填充前景色

⑨ 打开"茶诗.psd"素材文件，将茶诗移动到新建文件中，生成图层5。然后按住【Alt】键不放，在图层5和图层4之间单击，创建剪贴蒙版。

⑩ 设置图层5的不透明度为"30%"，使该图层中的文字图像融入到淡黄色背景中，如图16-13所示。

图16-13　设置图层5

⑪ 新建图层6，设置前景色为绿色（R:0,G:128, B:0），沿参考线绘制矩形选区，并填充前景色，然后取消选区，效果如图16-14所示。

⑫ 新建图层7，设置前景色为"白色"，选择

直线工具，设置粗细为"5px"，沿参考线绘制多条直线，按【Ctrl+;】组合键隐藏参考线，效果如图16-15所示。

图16-14　绘制绿色色块

图16-15　绘制直线并隐藏参考线

⑬ 打开"茶具.jpg"素材文件，通过移动工具将其拖动到新建图像中，生成图层8，设置该图层的图层混合模式为"深色"。

⑭ 为图层8添加图层蒙版，选择画笔工具，保持选项栏中的参数设置不变，不断涂抹茶具周围的淡黄色区域，将其隐藏，如图16-16所示。

图16-16　设置茶具素材

⑮ 使用横排文字工具在包装顶部输入"饮自天然"文字，字体为"黑体"，字号为"24点"，颜色为"黑色"，注意文字间的间隔

用空格代替。

⑯ 新建图层9，按【Ctrl+[】组合键向下移动图层，沿"饮"文字绘制圆形选区，设置前景色为绿色（R:0,G:128,B:0），用前景色填充选区。

⑰ 移动选区至"自"、"天"和"然"文字处，并分别用前景色填充选区，取消选区后的效果如图16-17所示。

图16-17　设置文字背景

⑱ 保持字体不变，在包装底部输入"岭南望峰茶业商贸有限公司"文字，设置字号为"10点"，颜色为"白色"。

⑲ 输入"参悦绿茶"、"参悦"和"茶"文字，字体为"方正黄草简体"，字号分别为"14点"、"30点"和"140点"，颜色分别为"白色"、"黑色"和"黑色"。

⑳ 双击"茶"图层，在打开的"图层样式"对话框中选中"描边"复选框，在其中设置大小为"5像素"，颜色为"白色"，单击 确定 按钮，如图16-18所示。

图16-18　输入文字

㉑ 隐藏背景图层和标尺，选择除背景图层外的所有图层，按【Ctrl+Alt+E】组合键盖印选择的图层。

㉒ 显示背景图层，设置前景色为蓝色（R:0,G:0,B:255）、背景色为淡蓝色（R:0,G:150,B:255），然后选择渐变工具，设置渐变颜色为"从前景色到背景色渐变"，从图像顶部向底部进行渐变填充。

㉓ 隐藏除背景图层和盖印图层之外的其他图层，选择盖印图层，按【Ctrl+;】组合键显示参考线，选择矩形选框工具，沿包装顶部和底部绿色边缘绘制如图16-19所示的矩形选区。

图16-19　绘制矩形选区

㉔ 选择【编辑】→【变换】→【变形】命令，打开选区界定框，拖动控制点将图像变换至如图16-20所示，按【Enter】键确认变换，使包装具有立体凸现效果，最后取消选区。

图16-20　变换选区

㉕ 选择钢笔工具，沿变换后的包装右侧边缘绘制如图16-21所示的封闭路径，路径内的区

域将用来作为包装侧立面。

㉖ 新建图层10，设置前景色为绿色（R:0，G:128,B:0），按【Ctrl+Enter】组合键将路径转换为选区，按【Alt+Delete】组合键用前景色填充选区，然后取消选区并隐藏参考线。

图16-21 绘制路径

㉗ 使用多边形套索工具绘制包装侧面前侧区域，选择【图像】→【调整】→【亮度/对比度】命令，在打开的对话框中设置亮度为"-50"，单击 确定 按钮，如图16-22所示，然后取消选区。

图16-22 调整亮度

㉘ 保存制作的文件。最终效果如图16-23所示。

图16-23 最终效果

16.2 上机实战

本课上机实战将分别制作汽车广告和房地产广告，综合练习Photoshop中所学习的知识点，熟练掌握广告的设计和制作方法。

上机目标如下。

◎ 掌握Photoshop中各项命令和功能的操作。

◎ 掌握画面设计中颜色和文字等元素的搭配。

建议上机学时：4学时

16.2.1 制作汽车广告

1. 实例目标

本例要求利用提供的"天空.jpg"和"汽车.jpg"图片，制作如图16-24所示的汽车平面广告。通过本例的操作，应掌握新建与保存文档、图像的编辑、文本的设置、蒙版的使用等操作。

图16-24 汽车广告

2．专业背景

为了推广产品，常需要做各类广告。在为汽车做平面广告时，一定要根据汽车的性能、外观等特性，制作出符合汽车特点的广告，如表现汽车的大气、灵动等，或者从汽车的优势进行介绍，如低价、低排放量等。只要抓住卖点，结合卖点进行设计，即可制作出打动消费者的广告。

3．操作思路

根据上面的操作要求，本例的操作思路如图16-25所示。

1）调整色阶并应用滤镜

2）应用蒙版

3）输入文字

图16-25　制作汽车广告的操作思路

素材\第16课\上机实战\汽车.jpg、天空.jpg
效果\第16课\上机实战\汽车广告.psd
演示\第16课\制作汽车广告.swf

❶ 新建文件并打开"天空"素材，调整图片大小、色阶、色相/饱和度。

❷ 新建图层，选择画笔工具，使用紫色在图像上半部分进行涂抹，然后径向模糊图层1和图层2。

❸ 复制图层1，垂直翻转复制的图层，并将其移至图像窗口下方。

❹ 新建图层3，以深蓝色涂抹该层的下半部分。创建"色阶"调整图层，调整色阶。

❺ 打开"汽车"素材，抠出汽车主题，放置到新建文件中并调整大小。复制汽车图层，添加图层蒙版制作倒影。

❻ 使用文字工具输入并设置文字。新建图层5，全选该层并设置该图层的描边，完成汽车广告的制作。

16.2.2　制作房地产广告

1．实例目标

本实例将设计制作一个房地产形象广告，图像效果如图16-26所示。通过本例的操作，应该掌握图像绘制、图像编辑、文字设置等基本操作。

图16-26　房地产广告

2．专业背景

不同用途的房地产广告应该给人以不同的形象感，如住宅区应以舒适为主、商品房应以经济效益为主。在制作房地产广告时，要抓住买房者的心理，制作出让人充满购买欲望的作品。

3. 操作思路

根据上面的实例目标，本例的操作思路如图16-27所示。

素材\第16课\上机实战\卷轴.psd
效果\第16课\上机实战\房地产广告.psd
演示\第16课\制作房地产广告.swf

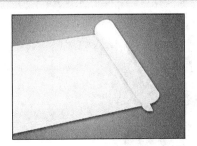

1）绘制卷轴图像

2）添加素材图像

3）添加文字

图16-27 房地产广告的操作思路

❶ 新建一个图像文件，使用渐变工具为背景图像做射线渐变填充，设置颜色为土黄色（R:124,G:87,B:41）到浅黄色（R:232,G:224,B:175）。

❷ 新建一个图层，选择钢笔工具绘制出卷轴的基本外形。使用渐变工具对其做渐变填充。

❸ 选择画笔工具在卷轴中添加淡黄色和深黄色，让画轴更加具有立体感。

❹ 选择【图层】→【图层样式】→【投影】命令，打开"图层样式"对话框，为其添加黑色投影。

❺ 打开素材图像，放到卷轴中，使用加深工具对部分图像做加深处理，然后设置该图层的混合模式为"正片叠底"。

❻ 选择横排文字工具，在画面中输入文字，完成实例的制作。

16.3 常见疑难解析

问：在设计一个广告画面时，颜色怎样搭配会更加好看呢？

答： 色彩搭配的一个基本原则，是根据广告主题确定主色调，然后选择2～3个辅助色，在广告中进行搭配。切勿选择过多的颜色使广告花里胡哨的没有主次，同时注意保持主色调的主导地位，切勿过多使用辅助色，以免喧宾夺主。

问：制作一个广告一般需要多久时间呢？

答： 一个成功的广告，往往在制作之前需要确定广告的对象，也就是接收群体，以及广告的形式等诸多方面，然后进行策划，规划好广告的制作及推广等，最后才开始收集素材着手制作。根据广告的类型、形式等的不同，其投入的时间也不同。小型广告可在两三个月内完成，创意型广告或者系列广告有时需要用将近半年的时间。广告看似轻松，实则需要投入许多人力、物力和精力去完成。要做成一个好的广告绝非易事。

16.4 课后练习

（1）制作一个商场的开业宣传广告，图像效果如图16-28所示。要求结合Photoshop中的多种工具和命令进行制作。

素材\第16课\课后练习\灯笼.psd、龙柱.psd、门.psd、飘带.psd
效果\第16课\课后练习\商城开业宣传广告.psd
演示\第16课\设置"联合公文"文档格式.swf

图16-28　制作商城开业宣传广告

（2）制作一个茶叶形象宣传广告，首先为背景填充淡黄色，然后使用画笔工具，调整多种笔触，绘制出背景中的河流、渔夫等图像，最后绘制出茶碗、花纹图像，输入文字，再做适当的调整即可，如图16-29所示。

素材\第16课\课后练习\茶碗.psd　　效果\第16课\课后练习\茶叶广告.psd
演示\第16课\制作茶叶广告.swf

图16-29　茶叶形象宣传广告

附 录
项目实训

　　为了培养学生综合运用 Photoshop CS6 设计产品和处理图片的能力，本书设置了 5 个项目实训，分别围绕"企业标识设计"、"CD 封套设计"、"书籍装帧设计"、"咖啡包装设计"和"房地产广告设计"这 5 个主题展开。各个实训由浅入深、由易到难，将 Photoshop 的操作技能融入到设计实战中。通过实训，可以引导学生将所学的基础理论知识灵活应用于实际工作，提高独立完成工作任务的能力，增强就业竞争力。

实训1　企业标识设计

【实训目的】

通过实训掌握Phtotoshop在企业标识设计中的应用。本实训的具体要求及实训目的如下。

◎ 要求为一家园林公司设计标识，要求标识能表达出与公司职能相关的主题，并具有易辨认性和唯一性，与其他公司的标识区别开。

◎ 标识具有易扩展性，能应用在公司的其他宣传内容上，如企业名片、企业信封、手提袋等。

◎ 了解企业标识设计的内容与要求，重点掌握企业标识的构成元素和特点。

◎ 熟练掌握钢笔工具、形状工具、椭圆选区和文字等工具的使用。

【实训参考效果】

本次企业标识设计的参考效果如图1所示，相关素材在本书配套光盘中提供。

效果\项目实训\企业标识.psd
演示\项目实训\制作企业标识.swf

图1　企业标识

【实训参考内容】

1. 创意与构思：在了解标识的相关知识基础之上，结合企业特点进行构思。如本例参考效果的设计主题是以绿色树叶代表园林。

2. 制作过程：先使用钢笔工具绘制星形路径，再使用自定形状绘制绿叶图像，然后进行绘制，并添加文字点名主题。

实训2　CD封套设计

【实训目的】

通过实训掌握Phtotoshop在CD封套设计中的应用。本实训的具体要求及实训目的如下。

◎ 在制作CD封套时，应根据CD中的内容进行设计，如曲艺类一般会在CD封套上添加古典乐器、唱片类一般需要在封面上放置歌唱者的照片等。

◎ 了解CD封套的尺寸，根据需要，在软件中建立相关尺寸的文件，设置好出血等相关内容，并设置好参考线，以便事半功倍地进行制作，避免后期因尺寸不合规范而重新设计。

【实训参考效果】

本次CD封套设计的参考效果如图2所示，相关素材在本书配套光盘中提供。

效果\项目实训\CD封套平面.psd、CD封套立体.psd
演示\项目实训\制作CD封套.swf

图2　CD封套

【实训参考内容】

1. 查看CD内容和资料：认真查看提供的CD内容和资料素材，从CD的内容上总结CD的特点，获取相关信息。

2. 创意和构思：根据CD内容进行分析。本例制作的是教程类CD的封套，因此在制作时，需要在封套正面给出相应的制作效果，从效果上吸引读者，然后在背面列出CD的优势、讲解的内容等信息。

3. 搜集素材：搜集构思中需要用到的图像资料，写好封套上要使用的文案。

4. 制作封套：根据资料创建大小合适的文件，使用标尺和参考线确定好正面、背面和封套侧面的位置和大小，然后添加素材制作。

实训3 书籍装帧设计

【实训目的】

通过实训掌握Phtotoshop在书籍封面设计方面的应用本实训的具体要求及实训目的如下。

◎ 了解书籍装帧设计的组成，封面设计的要点，书籍封面的尺寸，以及封面、封底和书脊的分割方法。

◎ 熟练掌握使用标尺和参照线确定封面、书脊和封底的位置的方法。

◎ 熟练掌握矩形选框工具、画笔工具、文字工具、图层样式和自定形状工具的使用。

【实训参考效果】

本次实训最终立体效果的参考效果如图3所示，相关素材在本书配套光盘中提供。

效果\项目实训\书籍装帧（平面）.psd、书籍装帧（立体）.psd

演示\项目实训\制作企业标识.swf

图3　书籍装帧

【实训参考内容】

1. 上网搜索资料：了解书籍装帧设计的概念、要求以及书籍装帧的各组成部分。

2. 准备素材：搜集与书籍类型相关的封面设计文字、图像等素材。

3. 制作封面、封底和书脊：新建一个图像窗口，使用标尺和参照线确定好封面、书脊和封底的位置，添加好文字元素和图形装饰。制作时要注意构图。

实训4 咖啡包装设计

【实训目的】

通过实训掌握Phtotoshop在包装设计中的应用。本实训的具体要求及实训目的如下。

◎ 包转设计是品牌理念、产品特性等多方面因素的综合反映，包装的好坏直接影响其销量。因此在设计包装时应根据产品特性进行制作。

◎ 包装的功能是保护商品、传达商品信息、方便使用、方便运输、促进销售、提高产品附加价值，其具有商业与艺术的双重性。

◎ 在设计包装前，应做一个市场调研，研究同类商品的包装特性，找出包装的市场规律。

【实训参考效果】

本次实训的最终参考效果如图4所示，相关素材在本书配套光盘中提供。

效果\项目实训\咖啡包装（平面）.psd、咖啡包装（立体）.psd

演示\项目实训\咖啡包装设计.swf

图4　咖啡包装

【实训参考内容】

1．查看相关资料：根据提供的咖啡资

料，以及其相关特性，制定出一套有效的设计方案。

2．市场调研：制作一份与咖啡包装相关的市场调查问卷，进行信息采集，了解当前包装对销售的影响，并收集消费者意见，方便制作时改进。

3．具体构思：综合考虑后决定咖啡包装的制作形式。这里以方便开合的纸质作为包装的材料，根据材料的颜色设计包装平面草图。

4．制作过程：在Photoshop中新建实际尺寸的文件，在文件中添加参考线，并绘制参考线，然后导入图片，并输入文字进行制作。

实训5　房地产广告设计

【实训目的】

通过实训掌握Phtotoshop在房地产广告设计方面的应用本实训的具体要求及实训目的如下。

◎　为某房地产公司制作广告，要求以大气、简洁的画面来吸引路人。

◎　了解房地产广告、户外广告的分类和房地产广告的设计准则等行业知识。

◎　熟练掌握使用钢笔工具和变换图像操作进行绘图的技巧。

◎　熟练掌握文字工具、形状工具和变形工具等的应用。

【实训参考效果】

本次实训的房地产广告参考效果如图5所示，相关素材在本书配套光盘中提供。

效果\项目实训\房地产广告.psd
演示\项目实训\制作企业标识.swf

图5　房地产广告

【实训参考内容】

1．创意分析：本例以橘绿色为主色调，给人一种刺激的视觉效果。通过白色和不同绿色的结合，吸引人的眼球。

2．制作广告画面：新建相应大小的图像后，利用形状工具绘制背景图案，添加房屋素材，并添加文字。

3．变形文字和背景中的图案，使其富于变化，让人产生一种清新活力的感觉。

4．添加相应的产品信息。